B C
H R
&
BE TY

헤어미용 입문

BASIC HAIR & BEAUTY

배선향 저

구민사

저자 프로필

배 선 향

- 대한민국 미용장
- 진주보건대학교 피부미용과 교수
- 대구가톨릭대학교 보건대학원 보건학석사
- 뇌교육종합대학원대학교 뇌교육학박사수료

머리말

미용(美容)은 용모를 아름답게 가꾸는 것으로 미(美)를 추구하는 인간의 본성에 따라 자연스럽게 발달해온 행위입니다. 미용직업의 세계에서는 헤어미용, 피부미용, 메이크업, 네일미용 등의 방법으로 사람들의 용모를 가꾸어 주고 있습니다. 미용이라는 직업은 과학적 지식을 토대로 다양한 미용기술을 활용하여 아름다움을 창출하는 전문직입니다. 미용 중에서도 헤어미용은 두피와 모발을 관리하고 헤어스타일을 디자인하는 것을 말합니다. 헤어미용 전문가를 헤어디자이너, 헤어스타일리트, 미용사 등으로 부릅니다.

아름다움에 대한 사람들의 욕구는 한계를 정할 수 없습니다. 문화와 문명이 발달하면 할수록 보다 질 높은 삶을 추구하게 되고 미에 대한 요구도가 커지기 마련입니다. 사람들의 미적 표현 요구도가 커질수록 미용인들의 역할이 중요해집니다. 미용은 혼자서 거울을 보며 할 수도 있지만 대개의 사람들은 전문 미용인의 손길을 필요로 합니다. 얼굴 전체의 이미지를 좌우하는 헤어스타일은 물론 두피나 모발 자체에 대한 건강과 미적 관리도 전문 미용인의 도움을 필요로 합니다.

날이 갈수록 미용에 대한 소비자층의 지식수준과 인식이 높아지면서 미용인의 차원 높은 미용 서비스가 요구되는 추세입니다. 이러한 추세에 발맞추어 미용 산업에서는 경력자뿐만 아니라 대학을 갓 졸업한 신입미용사에게 요구되는 전문성의 수준도 높아지고 있습니다. 전문성은 탄탄한 기초를 기반으로 합니다. 미용인으로서 다양한 지식과 기술을 활용하여 무궁무진한 응용과 창작의 나래를 펴기 위해서는 먼저 기본과 정석에 충실한 기량을 갖출 필요가 있습니다.

이 책은 헤어미용 개론서입니다. 헤어미용에 관한 기본 지식과 실무에 관한 내용으로 구성되어 있습니다. 두피와 모발에 관한 지식을 비롯하여 미용개요, 헤어 커트, 퍼머넌트웨이브, 헤어 컬러, 블로우드라이, 미용용어 등 헤어 디자인의 실무적 요소를 두루 학습할 수 있도록 기획하였습니다.

이 책이 미용 관련 학과의 학생과 전문미용인으로 발돋움하고자 준비하는 이들에게 좋은 지침서가 되기를 바랍니다. 그동안 미용에 대한 끊임없는 애정으로 본서의 출간을 위해 아낌없이 지원해주신 구민사 조규백 사장님과 임직원 여러분께 깊은 감사를 드립니다.

2019년 2월 배선향

PART 01 미용 & 샴푸

CHAPTER 01 미용 개요 _ 014

미용의 개념 / 미용의 특수성 / 미용의 과정 / 미용용구

CHAPTER 02 샴푸 _ 023

샴푸의 정의 / 샴푸의 목적 / 샴푸의 조건 / 세정작용의 원리 / 샴푸제의 종류 / 샴푸 기본 동작

CHAPTER 03 린스 _ 031

린스의 정의 / 린스제의 종류 / 샴푸 시 유의할 점

CONTENTS

PART 02 모 발

CHAPTER 01 모발의 구조 _ 038

모근과 주변 구조 / 모간의 구조

CHAPTER 02 모발의 성장주기 _ 044

성장기 / 퇴행기 / 휴지기

CHAPTER 03 모발의 성분 _ 047

케라틴 단백질 / 지질 / 수분 / 미량원소

CHAPTER 04 모발의 색 _ 050

멜라닌 색소 / 멜라닌 색소 이상 현상

CHAPTER 05 모발의 특성 _ 053

물리적 특성 / 화학적 특성

CHAPTER 06 모발 손상의 원인 _ 057

마찰 / 열 / 자외선 / 화학적 시술 / 잘못된 커트 / 영양 불균형 / 스트레스 / 기타 요인에 의한 손상

PART 03 헤어커트

CHAPTER 01 헤어커트 개요 _ 066

헤어커트의 개념 / 헤어커트 도구 / 헤어커트 기본 용어

CHAPTER 02 헤어커트 기본 스타일 _ 083

원랭스 스타일 / 그라데이션 스타일 / 레이어 스타일 / 혼합형

CHAPTER 03 질감 처리 기법 _ 090

블런트 커트 / 틴닝 / 테이퍼링 / 스트록 / 슬라이딩 / 슬라이싱 / 나칭 / 싱글링

CONTENTS

PART 04 퍼머넌트 웨이브

CHAPTER 01 퍼머넌트 웨이브 개요 _ 100

퍼머넌트 웨이브의 의미 / 퍼머넌트 웨이브의 원리 /
퍼머넌트 웨이브제의 구성 성분 / 펌 디자인 패턴 / 펌의 종류

CHAPTER 02 퍼머넌트 웨이브의 실제 _ 109

고객 상담 / 두피 및 모발 진단 / 펌 시술 전 샴푸 / 펌 시술 전 커트 /
펌 시술 재료 및 도구 / 로드 선정 / 사전 트리트먼트 / 블로킹 / 와인딩 / 방치 시간 /
테스트 컬 / 중간 린스 / 산화제 도포 / 로드 제거 / 펌 후 세정 / 마무리

PART 05 헤어 컬러

CHAPTER 01 염색 개요 _ 128

염색의 정의 / 멜라닌 / 멜라닌 합성

CHAPTER 02 염색의 종류 _ 132

염모제의 성분별 종류 / 염색 지속기간별 종류

CHAPTER 03 염모제 작용부위와 염색원리 _ 137

염모제 작용부위 / 염색의 원리

CHAPTER 04 탈 색 _ 142

탈색제의 형태 / 탈색제의 작용 / 탈색의 단계 / 탈색 방법 / 탈색 시 기본 준수사항

CHAPTER 05 염색 시술의 이해 _ 150

염모제의 번호체계 / 산화 염색의 절차 / 산성 염색의 절차 / 염색 시 주의사항

PART 06 블로우 드라이

CHAPTER 01 블로우 드라이 개요 _ 164

블로우 드라이의 개념 / 블로우 드라이의 원리 / 블로우 드라이어의 각부 명칭 /
블로우 드라이 기본 공정 / 블로우 드르-이에 필요한 용구 및 제품 /
블로우 드라이에 영향을 미치는 요소

CHAPTER 02 블로우 드라이의 실질적 접근 _ 178

사전준비 / 시술 자세 / 블로킹 / 패널 조절 / 드라이어 사용각도 / 브러싱 /
드라이어의 사용 / 스타일링 제품의 사용

PART 07 두피 및 모발관리

CHAPTER 01 두피 개요 _ 196

두피의 정의 / 두피의 구조 / 두피의 기능

CHAPTER 02 두피 관리 _ 206

두피 관리의 개념 / 두피 관리의 목적 / 두피 관리의 효과 / 두피 손상의 원인 / 두피 타입 / 두피 관리 과정

CHAPTER 03 탈 모 _ 221

탈모의 정의 / 탈모의 사전 증상 / 탈모의 원인 / 탈모에 작용하는 호르몬 / 탈모의 유형 / 탈모증의 병원치료

CONTENTS

PART 08 미용 전문 용어

CHAPTER 01 모발 관련 용어 _ 236

CHAPTER 02 커트 관련 용어 _ 244

CHAPTER 03 퍼머넌트 웨이브 관련 용어 _ 253

CHAPTER 04 염색 관련 용어 _ 260

CHAPTER 05 기타 용어 _ 272

PART 0

미용 & 샴푸

CHAPTER

01

미용 개요

1

미용의 개념

미용(美容)은 용모를 아름답게 가꾸는 것을 의미하며 크게 헤어미용, 피부미용, 메이크업, 네일미용으로 영역을 분류한다. 미용이라는 직업은 과학적 토대 위에서 다양한 미용기술을 활용하여 아름다움을 창출하는 전문직이다. 공중위생관리법에서는 미용직업인이 다룰 수 있는 미용업무의 범위를 퍼머, 머리카락 자르기, 머리카락 모양 내기, 머리피부 손질, 염색, 머리 감기, 손톱과 발톱의 손질 및 화장, 의료기기나 의약품을 사용하지 않는 눈썹 손질, 얼굴의 손질 및 화장으로 정하고 있다.

이 중에서 커트, 펌, 염색 등의 헤어디자인과 두피 · 모발관리는 헤어미용에 속한다. 헤어디자이너는 미용도구와 재료를 활용하여 고객의 두피와 모발이 건강할 수 있도록 관리하고 모발을 소재로 다양한 헤어스타일을 디자인함으로써 사람들의 미적 욕구 충족과 삶의 질 향상에 기여한다. 의식주와 같은 기본적인 문제가 해결되고 문화와 문명이 발달하면 할수록 사람들은 질 높은 삶을 추구하게 되며 미에 대한 요구도가 높아진다. 사람들의 미적 표현 요구도가 높을수록 과학적·예술적인 미용전문분야 직업인의 역할이 중요해진다.

2

미용의 특수성

미용은 신체 일부에 행하므로 몇 가지 제한점이 따른다.

1 의사결정의 제한

사람마다 개성이 다르고 아름다움을 표현하는 방식이 다양하므로 고객과의 충분한 대화를 통해 개성미를 찾아내어 시술해 주어야 한다. 디자이너의 자유로운 의사결정은 제한된다.

2 소재 선정의 제한

고객의 신체 일부가 미용의 소재이다. 디자이너가 미용 소재를 자유롭게 선택하거나 바꿀 수 없다.

3 시간적 제한

어느 정도 한정된 시간에 작품을 완성해야 하는 시간적 제한이 따르므로 숙련된 기술을 필요로 한다.

4 부용예술로서의 제한

그림이나 조각이 작가의 사상을 작품 속에 자유롭게 나타내는 자유예술이라면 헤어미용은 고객의 이미지와 조건에 맞춰 헤어스타일을 구상하고 제작하는 부용예술이다.

3

미용의 과정

헤어디자이너는 소재 분석 · 구상 · 제작 · 보정의 단계를 거쳐 작품을 완성하게 된다.

1 소재 분석

고객의 신체 특성이나 개성, 고객이 희망하는 스타일을 알아내는 단계이다. 편안한 분위기에서 충분히 상담하면서 고객의 성향이나 요구사항, 얼굴형, 모발 상태 등을 파악한다. 소재 분석 단계에서 얼굴형 분석은 특히 중요하게 다루어진다. 모발이 얼굴 주변 가까이에 있는 만큼 헤어스타일 결정요인 중에서 큰 비중을 차지하게 된다.

얼굴형의 유형

2 구상

신체의 장점을 부각하고 단점을 보완할 수 있는 헤어스타일을 떠올리고 시술할 재료나 시술방법 등을 계획하는 단계이다. 헤어스타일의 형태선을 떠올리며 완성된 작품의 이미지를 구상하고 시술방법을 선정한다.

◀ 헤어스타일 형태선의 유형

3 제작

구상했던 헤어스타일을 완성하기 위해 미용 도구나 재료를 이용하여 기술력을 발휘하는 단계이다.

4 보정

시술한 작품을 종합적으로 관찰하면서 헤어스타일에 조화미가 있도록 보정하여 최종적으로 마무리하는 단계이다. 제작과정이 끝나면 전체적인 모양을 확인하고 필요 시 수정 · 보완한다.

4

미용용구

1 미용용구의 분류

① 미용도구

미용인의 기능을 실제적이며 구체적으로 돕는 것들이다. 빗, 가위, 브러시, 핀셋, 로드, 핀 등은 미용도구에 속한다.

▲ 빗

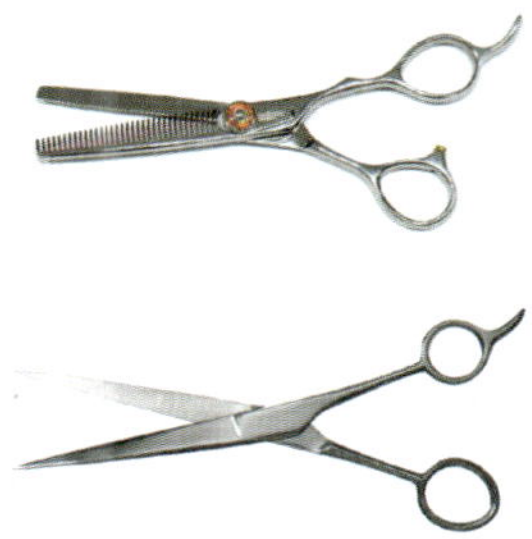

▲ 커트가위와 틴닝가위

▲ 롯드

② 미용기구

소독기, 중화 받침대, 샴푸대, 정리대, 미용의자 등은 미용기구에 속한다. 미용기구도 넓은 의미의 미용도구라고 할 수 있다.

▲ 중화받이

③ 미용기계

드라이기, 아이론, 두피진단기, 펌 프로세서(펌 촉진기, 가온기) 등 전기를 동력으로 하는 것들이 미용기계에 속한다.

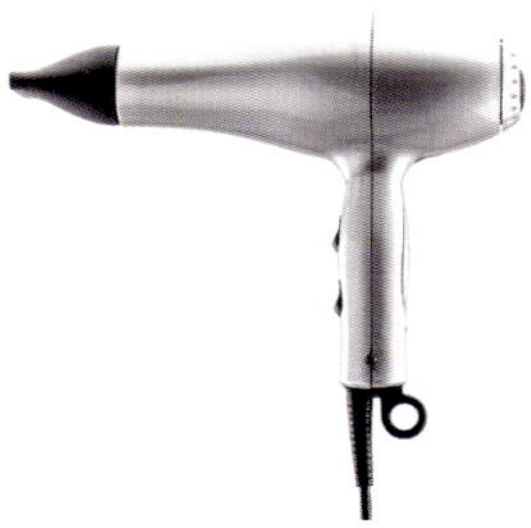

▲ 노즐 드라이기

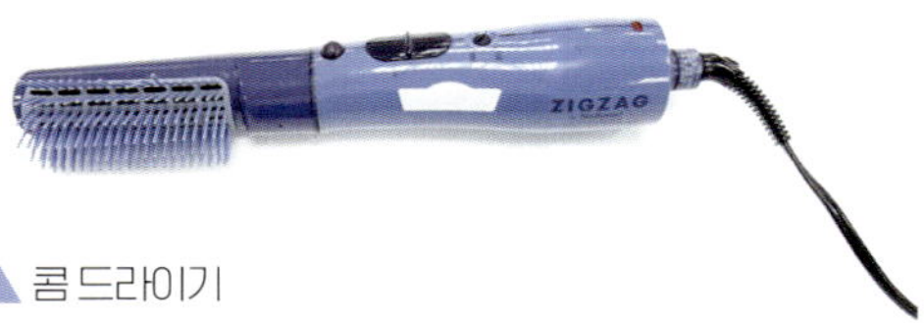

▲ 콤 드라이기

▲ 히팅캡

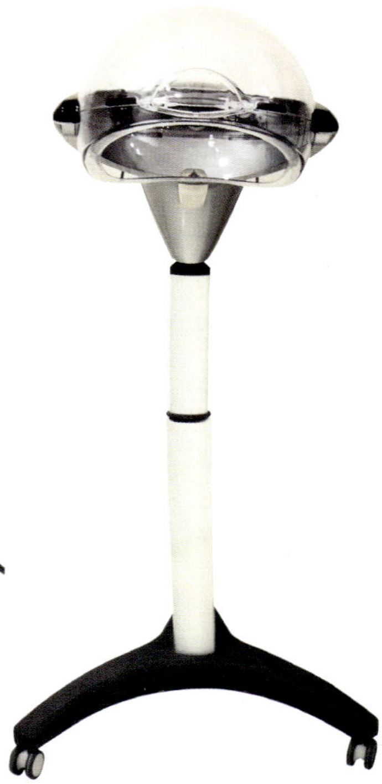

▲ 스탠드 드라이기

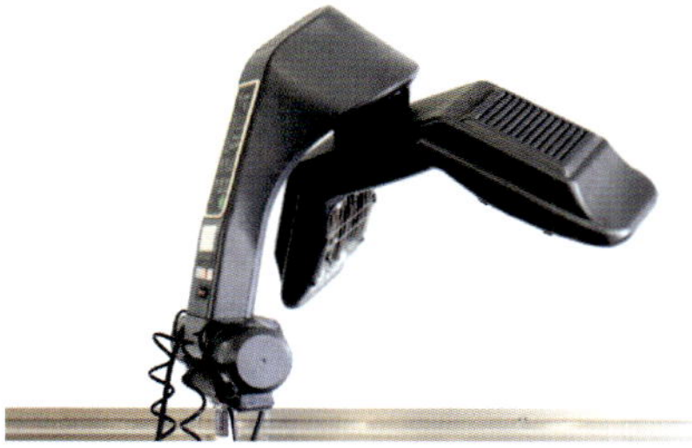

▲ 가온기

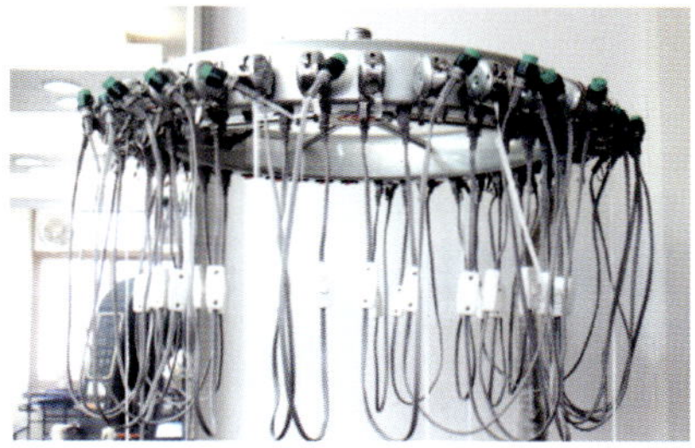

▲ 세팅퍼머기기

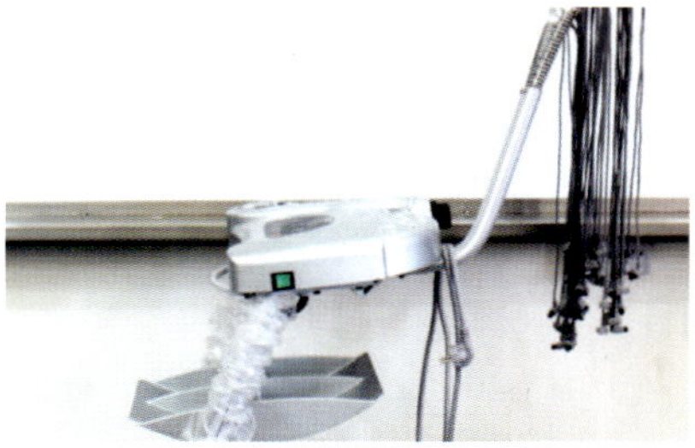

▲ 디지털 퍼머기기

▲ 고데기

2 미용용구의 취급방법

미용에 사용되는 용구는 청결해야 한다. 용구에 부착된 스분, 약제 등은 사용할 때마다 깨끗이 닦아야 한다. 고객 피부에 접촉되는 용구는 소독해야 한다.

① 가위 손질법

- 사용한 가위는 깨끗이 닦은 후 기름칠을 해둔다.
- 소독 시 거즈에 알코올을 묻혀 닦는다.
- 자외선 소독기에 넣어 소독해도 좋다.

② 빗(Comb) 손질법

- 브러시에 세제를 묻혀 빗살 사이를 문지른 후 헹군다.
- 빗을 씻은 후 자외선 소독기에 넣어 소독하면 좋다.
- 소독수에 장시간 담가두면 빗이 변형될 수 있다.

③ 브러시(Brush) 손질법

- 브러시는 구조상 빗보다 더러워지기 쉬우므로 청결에 더욱 신경을 써야 한다.
- 브러시를 비눗물에 담근 후 부드러운 털은 가볍게 비벼서 빨고 뻣뻣한 털은 세정 브러시로 닦는다.
- 세정 후에는 통풍이 잘되고 그늘진 곳에서 말린다.

CHAPTER

02

샴푸

1

샴푸의 정의

샴푸라는 단어의 어원은 힌두어인 'Champ'이며 '마사지하다' '매만지다' '주무르다'라는 뜻을 가지고 있다. 샴푸는 모발 손질의 첫 단계에 해당하며 '씻어내다'라는 세정의 의미로 사용된다.

2

샴푸의 목적

- 두피와 모발의 이물질과 노폐물을 제거한다.
- 두피에 적당한 자극을 주어 혈액순환을 활발하게 하고 모발성장을 촉진한다.
- 피지와 유기물로 인한 모발의 연모화 및 탈모를 방지한다.
- 두피와 모발의 컨디션을 조절한다.

3

샴푸의 조건

- 두피 및 모발의 지나친 탈지현상을 억제하고 적당한 세정력을 갖추어야 한다.
- 거품이 풍부하여 모발과 모발의 마찰을 막을 수 있고, 거품의 지속성이 있어야 한다.
- 샴푸 후 헹굼이 잘되어야 한다.
- 저자극성 성분이어야 한다.
- 모발에 광택과 유연성을 주어야 한다.
- 샴푸 후 빗질이 잘되어야 한다.
- 샴푸 후 비듬, 가려움, 염증 등의 증상이 없어야 한다.
- 일반적으로 사용하는 샴푸는 pH가 약산성 내지 중성이어야 한다.

4

세정작용의 원리

1 흡착

계면활성제의 친유기가 기름때 표면에 달라붙는다.

2 침투, 유화

계면활성제의 친유기가 기름때에 침투하여 때를 감싸 작은 공 모양으로 미셀을 형성한다.

3 분산

때를 둘러 싼 미셀들은 표면에 음전하를 띠므로 서로 반발하여 작은 알갱이로 분산된다.

4 헹굼

분산된 작은 알갱이들이 샴푸제와 함께 물에 씻겨 나간다.

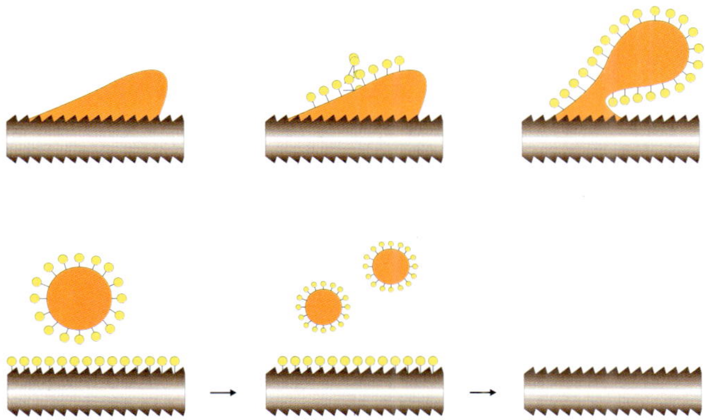

◀ 세정작용의 원리

5
샴푸제의 종류

샴푸제는 그 기능에 따라 크게 일반 샴푸와 기능성 샴푸로 구분된다. 일반 샴푸는 석유계 계면활성제를 사용하므로 세정효과는 높지만 두피를 자극할 수 있다. 기능성 샴푸는 두피 및 모발 타입에 따라 구분되어 있다.

1 샴푸의 종류

① 지성용 샴푸

- 세정력을 높게 해주는 음이온 계면활성제(1.5~2배)를 이용하여 피지를 효과적으로 제거한다.
- 피지 분비를 조절하고 세균 번식을 막아 염증을 예방한다.

- 두피와 모발에 흡착되어 있는 이물질과 노폐물을 제거한다.
- 양쪽 이온성 계면활성제(보조세정제)는 눅눅하고 무거운 감을 줄 수 있기 때문에 사용하지 않는다.
- 세정력이 강하기 때문에 두피를 심하게 자극하는 것은 금물이다.
- 장기간 사용할 경우 두피를 건조화시킬 우려가 있으므로 세정력이 약한 샴푸와 병행하여 사용하는 것이 좋다.

② 건성두피용 샴푸

- 컨디셔닝 기능을 가미한 세정제로 건조하고 푸석푸석한 모발에 사용한다.
- 주세정제는 음이온 계면활성제이다.
- 보조세정제는 비이온 및 양쪽성 이온 계면활성제이다.
- 부드러운 세정력과 풍부한 거품을 낸다.
- 모발 세척 과정에서 과다하게 손상될 수 있는 보습성분들을 보충해 준다.
- 오일 성분, 천연보습 성분, 가수분해 단백질 등을 모발에 흡착시켜 엉킴을 방지하고 광택, 감촉, 빗질을 향상시킨다.
- 건성두피와 모발에는 저자극 식물성으로 보습과 영양을 줄 수 있는 제품이 좋다.

③ 항비듬성 샴푸(Anti-Dandruff Shampoo)

- 징크피리티온(zinc pyrithione)이 함유되어 있어 비듬제거에 효과적이다.
- 비듬균(피티로스포룸, 말라세시아)의 성장을 억제하여 비듬 발생을 억제한다.
- 주성분으로 아연피리치온을 많이 사용한다.

④ 염색모발용 샴푸(Color Protect Shampoo)

- 염색모발의 컬러 지속력 강화를 위한 샴푸제이다. 모발에 영양과 유 · 수분을 공급하고 강한 햇빛에서도 수분 유실이나 정전기를 방지하는 효과가 있다.

⑤ 산성샴푸(Acid Shampoo)

- 구연산, 연산, 린산 등에 의해 pH5.5~6의 약산성으로 되어 있다.
- 염 · 탈색이나 펌 시술 후 산성샴푸로 세정하면 알칼리화된 상태를 약산성으로 돌려준다.

6
샴푸 기본 동작

샴푸 시술 시 바른 자세를 유지해야 한다. 등을 곧게 펴고 발을 어깨 넓이 정도로 벌린 상태에서 손의 힘을 적당하게 배분한다.

1 브러싱 기본 동작

샴푸를 시작하기 전에 두피와 모발을 브러싱한다. 브러싱을 통해 피지분비가 활발해지고 두피 근육이 이완되며 혈액순환이 촉진된다. 모발 결이 정돈되어 샴푸 동작에 의한 엉킴을 방지할 수 있다.

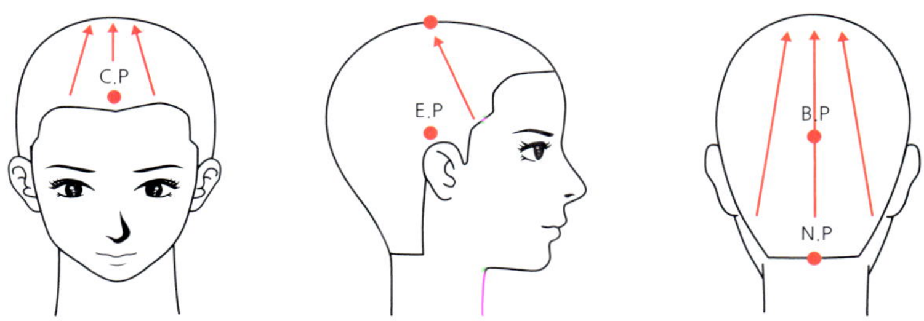

2 샴푸 기본 동작

샴푸 동작을 할 때는 고객이 편안함과 상쾌함을 느낄 수 있도록 한다. 손가락 지문, 손가락, 손바닥을 적절히 사용하여 두피를 부드럽게 문지르고 경쾌하게 튕기는 동작을 해준다. 손톱을 세우거나 두피를 너무 강하게 누르면 상처나 통증을 유발할 수 있다.

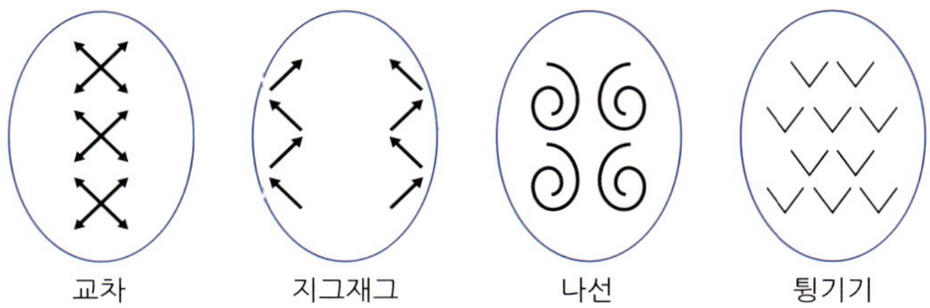

◀ 샴푸 기본 동작

C H A P T E R

03

린스

1
린스의 정의

린스(rinse)는 본래 '헹구다' '씻다'라는 의미가 있으나 일반적으로 샴푸한 후 모발을 유연하게 하며 자연스러운 광택을 부여하고 정전기 발생을 방지할 목적으로 사용하는 컨디셔너를 의미한다.

2
린스제의 종류

1 산성 린스제

퍼머넌트 웨이브 등 화학적 시술 후 모발에 잔류할 수 있는 알칼리 성분을 중화시키고 모발 컨디션을 약산성으로 되돌려 준다.

2 컨디셔닝 린스제

유분과 수분을 보충하여 헤어 컨디션을 조절해 주는 린스제이다. 모발 상태에 따라 정상모발용, 손상모발용 등이 있다.

① 정상모발용

- 소량의 고급 왁스, 양이온 계면활성제, 양이온 폴리머를 사용한다.
- 주로 저분자량의 실리콘 오일을 사용한다.
- 모발을 가볍게 코팅해 준다.

② 손상모발용

- 컨디셔닝 기능이 손상모발을 보호한다.
- 정전기와 손상을 방지하고 모발에 윤기와 유연성을 부여한다.
- 높은 함량의 고급 왁스, 양이온 계면활성제, 양이온 폴리머를 함유하고 있다.
- 실리콘 오일을 코팅시켜 모발에 윤기와 차분함을 준다.

3 비듬 제거 린스제

비듬 제거 효과가 있는 성분을 배합한 린스제로 두피와 고발 전체에 사용할 수 있다. 각질용해제, 피지 분비를 억제하는 비타민류, 살균제, 습윤제 등이 배합된다.

3

샴푸 시 유의할 점

- 고객을 샴푸대에 눕힐 때 불편하지 않도록 목을 받쳐준다.
- 고객의 무릎에 대형 수건을 덮어 안정감을 줄 수 있도록 한다.
- 고객과 시술자의 안전을 고려하여 여름에는 미온수, 겨울에는 따뜻하게 수온을 조절한다.
- 고객의 얼굴이나 몸에 물이 튀지 않도록 적정 수압을 확인한다.
- 모발 상태에 맞는 샴푸제와 린스제를 선택하여 세정한다.
- 두피에 자극이 되지 않는 범위에서 상쾌한 느낌을 주도록 시술한다.
- 귀에 물이 들어가거나 옷깃이 젖지 않도록 유의한다.
- 린스제는 두피를 피하여 모발에만 적용한 후 깨끗이 헹군다.

Memo

PART 02

모 발

CHAPTER

01

모발의 구조

모발은 크게 모간부와 모근부로 나눌 수 있다. 모간부는 피부(표피)에서 외부로 나와 있는 부분을 말하고, 모근부는 피부 속에 있는 부분을 말한다. 모발과 그 주변 구조는 다음과 같다.

1 모근과 주변 구조

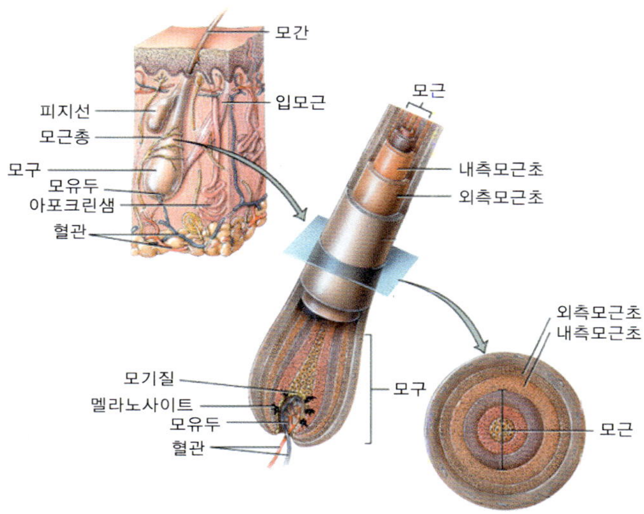

◀ 모근부의 구조

1 모낭

표피(피부)에서 진피까지 함몰되어 생긴 주머니 모양으로 모근을 둘러싸고 있다.

2 모유두

모구 밑에 있는 부분으로 모세혈관과 신경이 있어서 모발 생성에 관여한다. 모유두가 없다면 모발을 생성할 수 없다. 모유두의 수는 태어날 때 결정된다. 모유두의 수가 적어지면 모량도 적어진다.

3 모구

백열전구 모양으로 되어 있는 부분으로 모모세포와 모유두가 있다. 모발 생성에 중요한 역할을 하는 곳이다.

4 피지선

모낭 위쪽 1/3 부위에 위치하며 피지를 분비하여 피부와 모발을 부드럽고 윤기 나게 한다.

5 기모근(입모근)

추위나 공포를 느낄 때 수축하여 털을 직각으로 세우고 닭살 피부가 되게 한다.

6 모모세포

모유두에서 영양물질을 공급받아 모발을 생성한다. 생성된 모발세포는 바깥쪽에서부터 모표피, 모피질, 모수질이 된다.

2

모간의 구조

모간은 모표피, 모피질, 모수질의 3층 구조로 되어 있다.

1 모표피

모발의 바깥쪽에 있는 층으로 친유성이다. 모발 전체에서 약 10%를 차지하며 대개 10겹으로 모피질을 감싸고 있다. 모표피는 다시 3층으로 나누어진다.

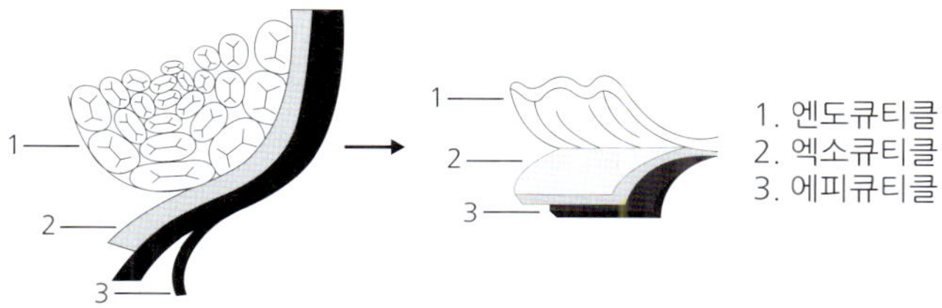

모표피의 구조

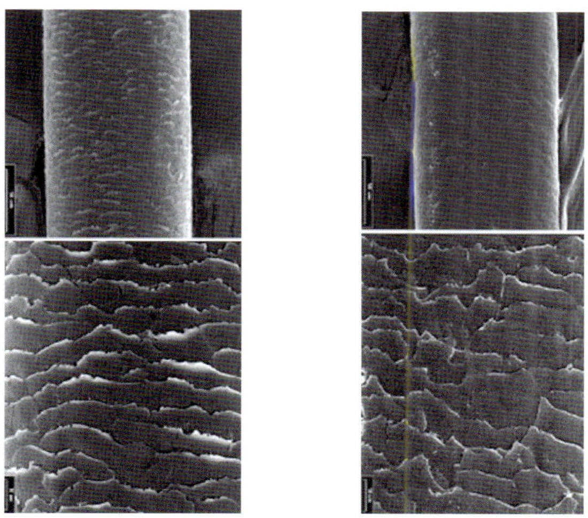

모표피 확대

① 에피큐티클(Epicuticle)

모발의 가장 바깥쪽에 있는 층이다. 물은 통과하지 못하지만 아주 얇은 막으로 되어 있어서 수증기는 통과할 수 있다. 화학적인 자극에 강하지만 물리적인 자극에는 약하다.

② 엑소큐티클(Exocuticle)

에피큐티클 안쪽에 있는 층이다. 다른 층보다 시스틴 함량이 많아서 화학적인 자극에 약하다. 화학결합이 쉽게 절단된다.

③ 엔도큐티클(Endocuticle)

모표피의 가장 안쪽에 있는 층이다. 비교적 시스틴 함량이 적어 화학적 자극에 강하다. 이 층은 모피질과 연결되어 물질의 출입이 용이하다. 모피질에 있는 물질이 외부로, 외부에 있는 물질이 내부로 통과할 수 있다.

2 모피질(Cortex)

모표피와 모수질 사이에 있고 피질세포와 세포 간 결합물질로 되어 있다. 모발의 80~90%를 차지하고 멜라닌 색소를 포함하고 있다. 친수성이며 화학적인 자극에 약해 변형이나 변성이 쉽다. 염색이나 펌의 미용적 시술이 이루어지는 곳이다.

3 모수질(medulla)

모발 가장 중심부에 위치하며 벌집처럼 속이 빈 모양이다. 모수질은 굵은 모발에 많고 가는 모발에는 적다. 모수질 속의 공기는 보온기능이 있다. 추운 지방의 동물들은 따뜻한 지방의 동물보다 모수질이 많다.

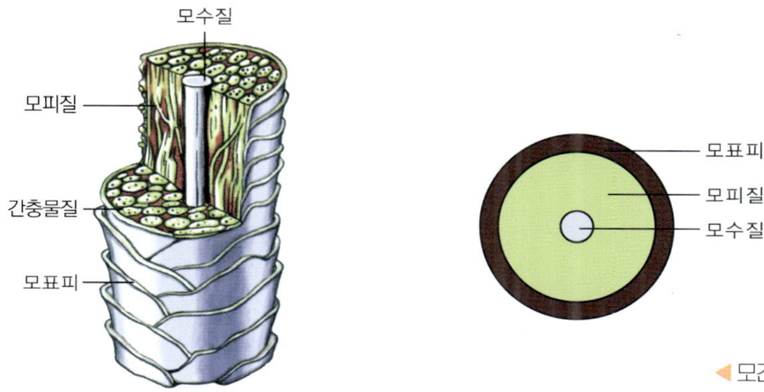

◀ 모간의 구조

C H A P T E R

02

모발의 성장주기

모발은 한 달에 1~1.5cm 정도 자라는데 낮보다 밤에, 가을, 겨울보다는 봄, 여름에 더 잘 자란다. 남자보다는 여자, 노인보다는 젊은 사람의 모발이 더 빨리 자란다. 모발은 성장과 탈락을 반복하는 주기가 있다.

1 성장기(Anagen)

모모세포가 활발하게 세포분열을 하면서 모발을 만들어내는 기간이다. 전체 모발의 85%가 성장기에 있다. 모발의 성장기는 남자 3~5년, 여자 4~6년이며 평균 성장 기간은 5년이다.

2 퇴행기(Catagen)

세포분열이 끝나고 성장이 멈추는 시기에 해당된다. 퇴행기의 수명은 1개월 정도이며, 모발 전체의 1%를 차지한다.

3

휴지기(Telogen)

모낭과 모유두가 분리되고 모낭이 수축(또는 위축)하여 모근이 표피 쪽으로 이동하는 시기에 해당된다. 휴지기의 수명은 3~4개월이며, 모발 전체의 14% 정도를 차지한다. 여성은 출산 후 일시적으로 휴지기 탈모가 나타날 수 있으나 6개월이 지나면 회복된다.

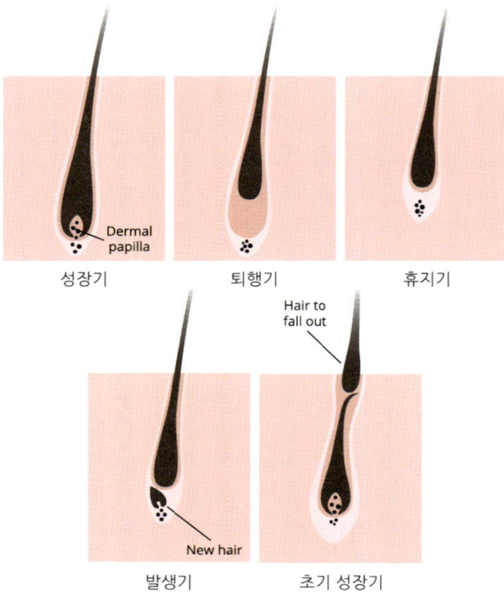

◀ 모발의 성장주기

C H A P T E R

03

모발의 성분

모발을 구성하는 물질 중에 가장 많은 비중을 차지하는 것이 케라틴이라는 딱딱한 단백질인데 모발의 80~90%를 차지한다. 그 외 수분이 10~15%, 지질이 1~8%, 멜라닌 색소가 2~3%, 미량원소가 0.5~1%를 차지한다.

1 케라틴 단백질

모발을 구성하는 케라틴 단백질은 18종의 아미노산이 모여서 이루어진다. 시스틴(cystine)은 모발에서 가장 많은 비중을 차지하는 아미노산(약 15%)이다. 아미노산을 이루는 원소는 탄소(50%), 산소(22%), 질소(17%), 수소(6%), 황(5%)이다.

2 지질

모발에 있는 지질은 크게 2가지 형태로 구성되어 있는데, 피질세포 자신이 가지고 있는 지질과 피지선에서 분비되는 지질(피지)이다. 피지선에서 분비되는 피지의 양과 성분은 호르몬, 나이, 성별, 온도, 계절 및 개인에 따라 다르다.

3
수분

모발의 수분함유량은 10~15% 정도이다. 샴푸 직후에는 30~35%이고 최대 40%까지 늘어난다. 드라이기로 말린 상태에서 수분은 약 10%이다. 수분의 양은 습도와 온도에 따라 달라진다.

4
미량원소

모발에는 나트륨, 마그네슘, 칼륨, 칼슘, 인, 크롬, 망간, 구리, 아연, 철 등을 포함하여 30여 종의 무기염류가 있다. 모발에는 어떤 원소의 잔류량이 다른 신체 부위보다 오랫동안 머무는 특성이 있어서 모발미네랄 검사를 통해 중금속 오염 여부나 영양 상태를 알 수 있고 범죄수사에도 활용된다.

C H A P T E R

04

모발의 색

모발을 형성하는 자연 색소는 유멜라닌(eu–melanin)과 페오멜라닌(pheomelanin)이다. 유멜라닌은 황인종과 흑인종에게 많고, 페오멜라닌은 백인종에게 많다.

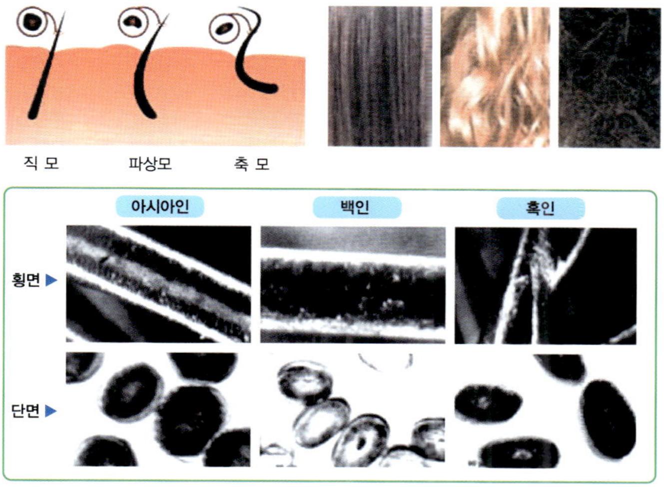

모발의 형상에 따른 분류

1 멜라닌 색소

멜라닌 색소는 멜라노사이트(melanocyte)에서 티로신이 산화 · 중합되면서 만들어진 멜라닌 색소가 피질세포 속에 침착되어 모발 색을 만든다.

모발색은 백색, 금석, 적색, 갈색, 흑색 등 다양하지만 모발 색을 결정해 주는 것은 멜라닌 색소의 양이다. 멜라닌 색소 양에 따라 흑색에서 백색까지 나타날 수 있다. 멜라닌 색소는 자외선으로부터 두피를 보호한다.

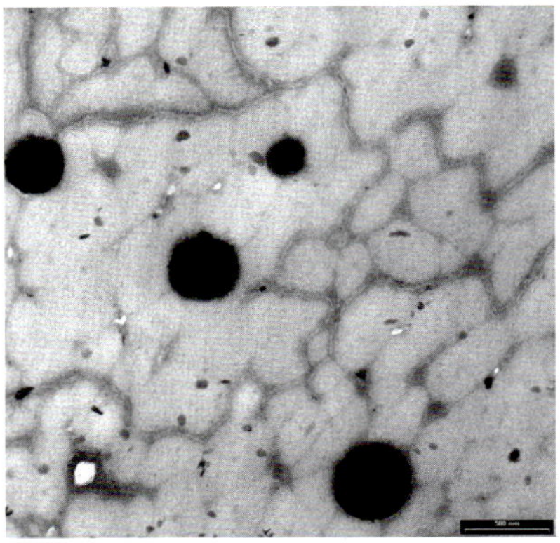

◀ 모피질 내의 멜라닌 색소

2

멜라닌 색소 이상 현상

멜라닌 색소는 과립의 크기, 양, 멜라닌 합성에 따라 색이 결정된다. 과립이 크고 양이 많으면 태양광선을 흡수하여 검은색으로 보이지만, 반대로 과립이 작고 양이 적으면 태양광선을 반사하여 흰색으로 보이게 되는데 이것을 백발이라고 한다. 백발의 순서는 일반적으로 측두부에서 시작하여 두정부를 거쳐 후두부에서 끝난다.

CHAPTER

05

모발의 특성

1 물리적 특성

1 흡습성

모발이 수분을 흡수하는 양은 계절과 시간에 따라 다르고, 습도와 온도에 따라 다르다. 예를 들면 온도가 낮고 습도가 높을수록 흡수량이 많아진다. 반대로 온도가 높고 습도가 낮을수록 적어진다.

2 팽윤성

액체를 흡수하여 부피가 팽창하는 현상을 팽윤이라고 한다. 모발의 손상 정도, 온도, 습도, 액체의 알칼리도 및 pH에 따라 팽윤도가 달라진다.

3 모발과 정전기

물질은 보통의 경우 중성상태 즉, (+)전하량과 (–)전하량이 같은 상태에 있다. 외부 힘에 의해 전하량의 평형이 깨지면 물체는 (–)전기 혹은 (+)전기를 띠게 되는데 이렇게 전기를 띠게 되는 현상을 대전이라고 한다. 모발과 플라스틱 빗을 마찰하게 되면 모발은 (+)전기로, 빗은 (–)전기로 대전되면서 인력에 의해 모발이 빗에 달라붙게 된다. 모발 정전기를 예방하는 방법으로 헤어트리트먼트 사용이 있다.

4 강도와 신장

모발을 잡아 당겼을 때 끊어지지 않고 견디는 힘을 강도라고 한다. 모발이 계속해서 힘을 받으면 늘어나면서 가늘어지고 절단이 될 때까지는 늘어나게 된다. 이때 늘어난 비율을 신장이라고 한다. 자연 상태의 모발은 강도 150g, 신장 40~50% 정도이지만 젖은 상태의 모발은 강도 100g, 신장 50~60% 정도이다.

5 가소성(소성)

외력을 받아 형태가 바뀐 고체가 외력을 없애도 원래대로 되돌아가지 않는 성질을 가소성이라고 한다. 모발의 경우 열에 의해서 변성이 일어나고, 변성에 의해서 형태가 변하기 때문에 모발은 가소성을 갖는다.

2 화학적 특성

1 모발의 등전점

일반적으로 pH 7일 때 중성이다. 모발의 경우 아미노산이 (+)전하와 (−)전하를 가지고 있지만 (+)전하와 (−)전하가 평형을 이룰 때를 등전점이라고 한다. 모발의 등전점은 pH가 4.5~5.5일 때이다.

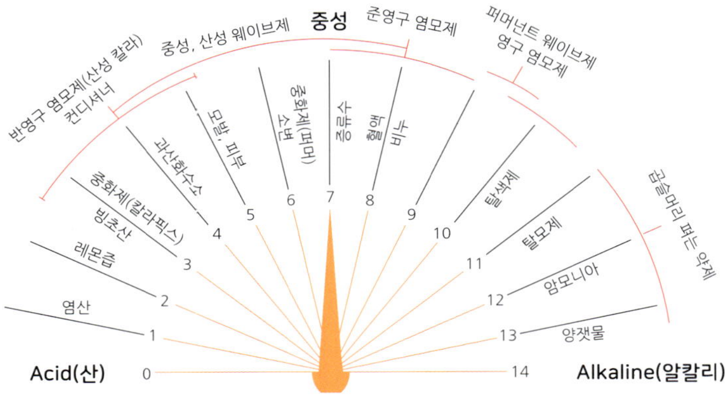

모발과 pH

2 강알칼리에 의한 용해

강알칼리에 의해서 모발은 연화, 팽윤되며 용해된다.

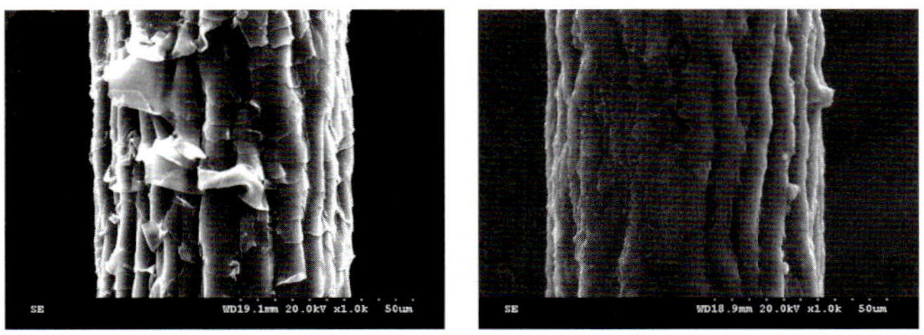

강알칼리에 의한 큐티클 용해

3 강산에 의한 가수분해

강산에 의해서 모발이 가수분해되고 폴리펩티드 결합이 절단되어 아미노산으로 된다.

CHAPTER

06

모발 손상의 원인

모발은 물리 · 화학적으로 강한 성질을 가지고 있으나 여러 요인으로 손상될 수 있다.

1 마찰

샴푸, 타월 드라이, 브러싱, 빗질 등에 의해 손상을 받을 수 있다. 예를 들면 샴푸 시 거품을 제거하지 않은 상태로 세척하게 되면 모발이 서로 엉켜 마찰이 생기면서 열이 발생하여 모발의 변성이 일어난다. 강한 브러싱 시에도 마찰에 의해서 열이 발생하여 손상을 받을 수 있다.

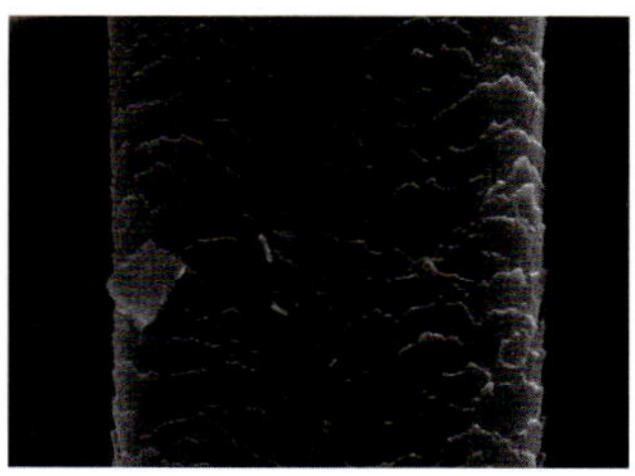

◀ 마찰에 의한 큐티클 손상

2

열

단백질은 열에 의해서 쉽게 변성이 일어나기 때문에 드라이기, 고데기 등에 의해서 모발이 손상될 수 있다. 일반적으로 120℃ 정도까지는 견딜 수 있으나 130~150℃에서는 모발이 팽창하여 변성되거나 다갈색으로 변색이 된다. 200℃ 이상에서는 모표피가 분해된다.

스트레이트 펌제, 탈색제와 같은 강알칼리제를 처리한 모발에 열을 가하면 모발 손상이 가속화된다.

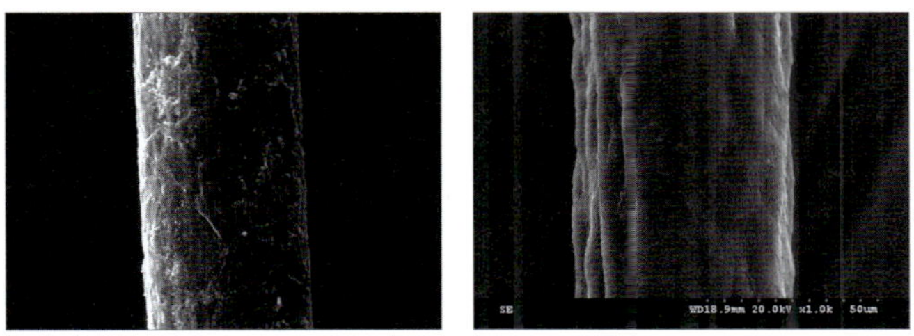

◀ 강알칼리 및 열처리에 의한 모발 손상

3 자외선

피부가 자외선을 과하게 받으면 착색되고 노화된다. 모발이 자외선을 과하게 받으면 시스틴 함량이 감소되면서 단백질이 변성되어 손상된다.

4 화학적 시술

강한 펌제를 과도하게 사용하거나 로드 제거 후 세정이 부족하면 모발에 남은 펌제로 인해 단백질이 변성되거나 모발이 퇴색될 수 있다. 단기간에 염색이나 탈색을 반복하게 되면 모발 변성으로 손상된다.

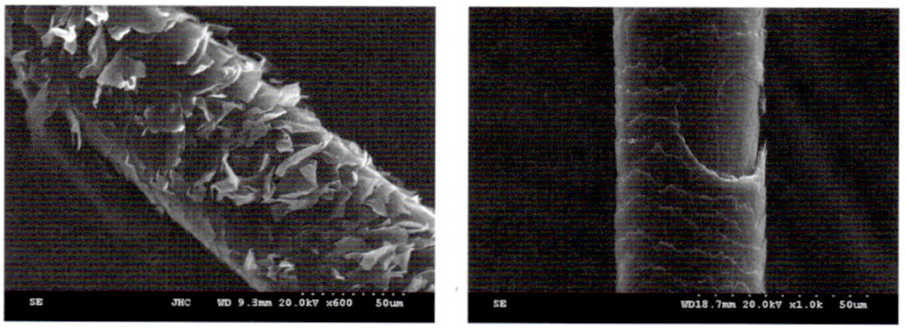

◀ 화학적 시술에 의한 모발손상

5

잘못된 커트

커트 기술이 부족하거나 불량한 가위 또는 면도날(razor)에 의해서 모표피가 쉽게 탈락되어 모피질 속에 있는 수분이 침투 또는 증발하거나 외부에서 화학약품이 침투하여 변형이나 변성이 일어나 손상이 야기될 수 있다.

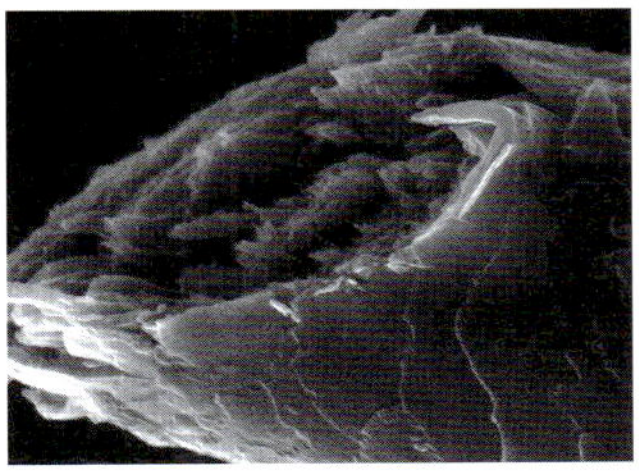

◀ 불량한 가위로 커트한 모발단면

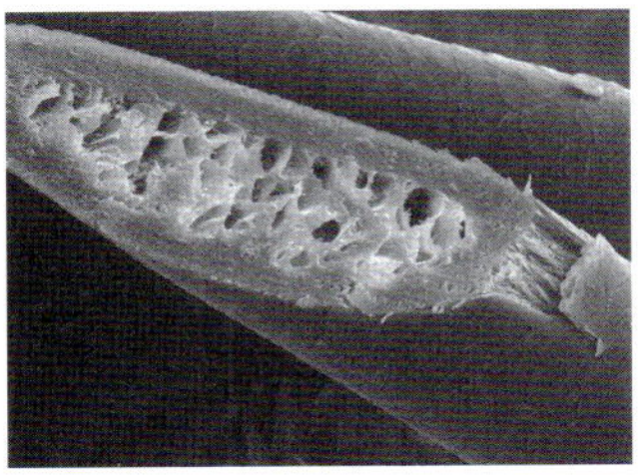

◀ 불량한 레이저로 커트한 모발단면

6

영양 불균형

다이어트, 편식 등에 의해서 영양의 균형이 깨지면 모발이 손상되거나 탈모가 유발된다. 무기질은 인체에 미량이 필요하지만 없어서는 안 되는 중요한 영양소이다. 무기질 섭취가 부족하면 각종 결핍증을 유발한다.

- 요오드(I) : 부족하면 탈모현상이 나타난다.
- 철(Fe) : 부족하면 변색되거나 탈모현상이 나타난다.
- 칼슘(Ca) : 부족하면 두피에서 모발을 잡아주는 근육의 힘이 약해진다.
- 칼륨(K) : 부족하면 두피의 탄력성이 떨어진다.
- 아연(Zn) : 부족하면 탈모현상이 나타난다.
- 황(S) : 부족하면 모발 생성이 잘되지 않는다.

7

스트레스

스트레스에 의해서 신경이나 혈액순환에 장애가 일어나면 모발 형성 자체가 부진할 수 있다. 심한 경우 백발이나 탈모도 될 수 있다. 가끔 청소년 시기에 측두부나 두부 전체에 백모가 생기기도 한다.

8

기타 요인에 의한 손상

호르몬 이상, 유전, 노화에 의해 탈모될 수 있다.

PART 03

헤어커트

CHAPTER

01

헤어커트 개요

1

헤어커트의 개념

헤어커트는 모발의 길이, 볼륨, 무게감, 질감, 방향성, 움직임 등을 표현할 수 있는 미용기술이다. 헤어커트는 여러 가지 미용시술의 토대가 된다. 드라이나 염색 등의 미용시술을 할 때 커트스타일에 맞추어 진행하기 때문이다. 같은 방법으로 미용시술을 하더라도 커트 스타일에 따라 결과 이미지가 달라지기 때문에 특정 헤어스타일을 성공적으로 완성하기 위해서는 커트스타일이 적합해야 한다.

2 헤어커트 도구

1 가위(Scissors)

가위의 모양은 날이 곧은 직선형과 날이 휘어진 곡선형이 있다. 곡선형 가위는 인체에 잘 어울리는 곡률로 설계되어 커브 형태로 자를 때 안정감 있게 잘린다. 가위의 길이는 4~8인치로 다양하며 활용도가 높은 길이는 5~7인치이다. 길이가 짧은 가위는 모발을 섬세하게 자를 때 편리하고, 긴 가위는 모발을 신속히 자르거나 짧게 깎아 올릴 때 편리하다.

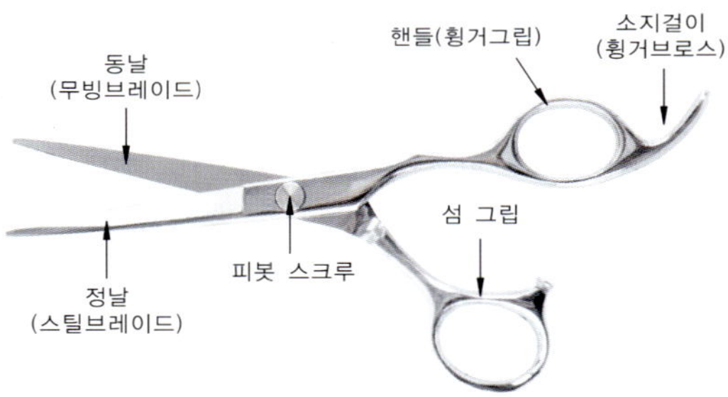

◀ 가위의 구조

2 틴닝(Thinning) 가위

틴닝가위는 모량이 많아 무거워 보이는 부분의 숱을 줄여 가볍게 하고 싶을 때 사용하면 편리하다. 가위의 한날 또는 양날이 요철 모양으로 되어 있는데 요철 모양의 날이 촘촘할수록 잘리는 모량이 적다.

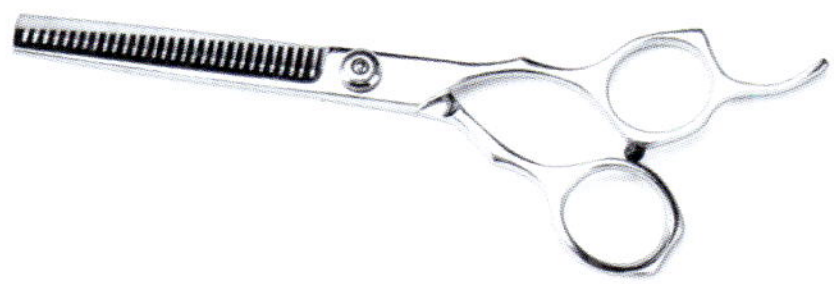

◀ 틴닝가위

3 레이저(Razor)

레이저는 면도날을 끼운 커트도구이다. 자연스럽고 부드러운 질감의 선을 표현할 때 사용한다. 모발 결에 가벼움, 부드러움, 매끈함, 경쾌함과 같은 느낌을 만들 때 편리하다.

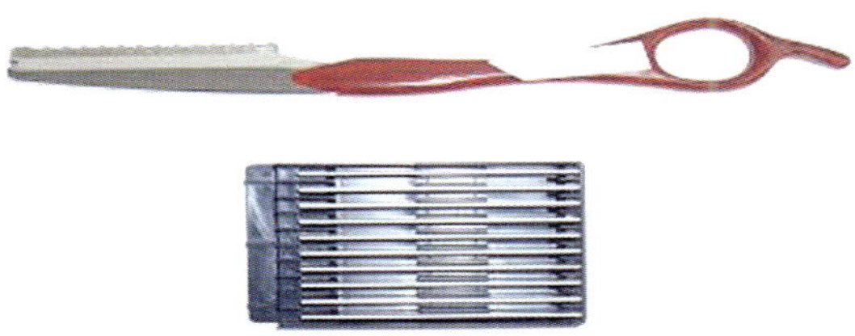

◀ 레이저와 날

① 오디너리 레이저(ordinary razor)

빠른 시간 내에 능률적이고 세밀하게 시술할 수 있지만 모발이 지나치게 많이 잘릴 수 있어서 숙련자가 사용하는 것이 좋다.

② 셰이핑 레이저(shaping razor)

면도날에 덮개가 있어서 커트되는 모량이 적고 안전하게 커트할 수 있어 초보자에게 적합하다.

4 클리퍼(Clipper)

스포츠 스타일이나 짧게 깎아 올리는 스타일로 커트할 때 사용하면 편리하다. 클리퍼를 만든 사람의 이름을 따서 '바리캉(Barrican)으로도 불린다. 클리퍼로 커트할 때 3, 6, 9, 12mm 등의 캡을 사용하면 쉽고 빠르게 커트할 수 있고 물에 젖어 부드러워진 모발보다 마른 모발이 더 잘 잘린다.

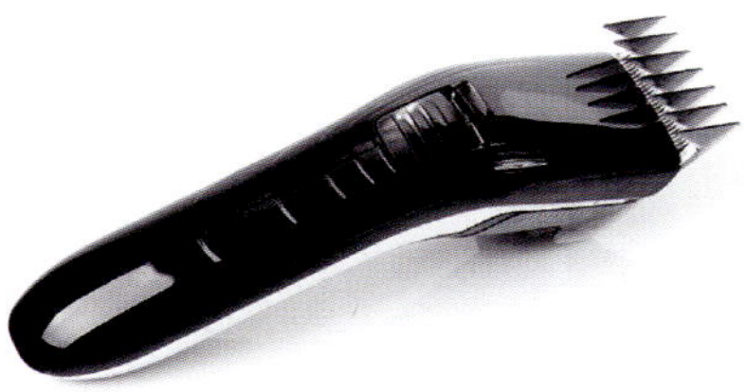

◀ 클리퍼

5 빗(comb)

빗은 모발을 빗고, 모발다발을 나누고, 모속을 떠올릴 때 사용한다. 커트빗은 대개 고운살(촘촘한 빗살)과 얼레살(엉성한 빗살)로 되어 있다. 고운살은 모발을 가지런하고 매끈하게 빗을 때 사용하면 좋은데 텐션 때문에 모발이 당겨질 수 있음을 감안해야 한다. 얼레살은 모발의 당김이 적어 텐션을 적게 받기 때문에 많은 양의 모발을 블로킹 하거나 섹션을 뜰 때, 웨이브가 있는 모발을 빗을 때 편리하다.

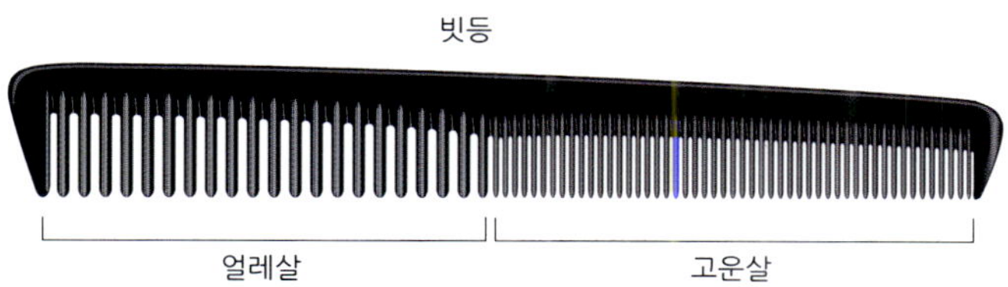

◀ 커트 빗의 구조

6 기타 도구

① 클립(Clip)

모발 다발을 고정시키는 도구이다.
재질은 주로 금속이나 플라스틱이다.

② 분무기(Water Sprayer)

웨트 커트를 할 때 모발에 물을 분사하는 용도로 쓰인다.

3
헤어커트 기본 용어

1 두상의 기본 포인트 15

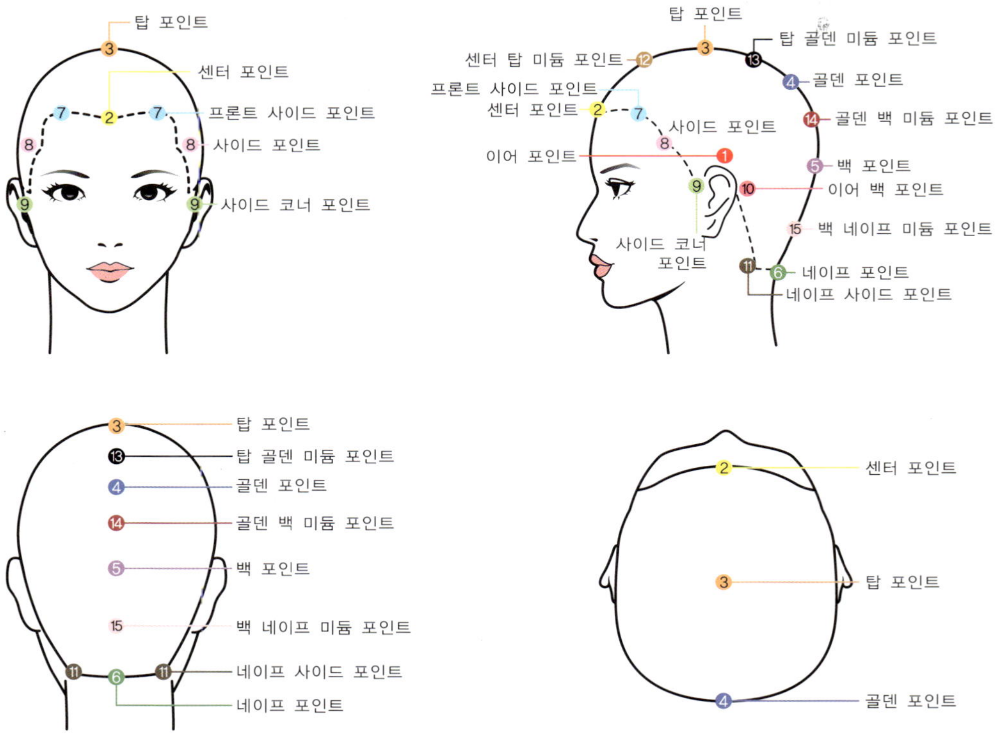

2 블로킹(Blocking)

블로킹은 모발다발을 구분 짓는 것이다. 블로킹을 하면 커트를 보다 쉽게 할 수 있다. 블로킹 전에 고객의 골격, 모량, 모류, 모질 등을 파악한 후 구상한 헤어 디자인에 따라 블로킹한다.

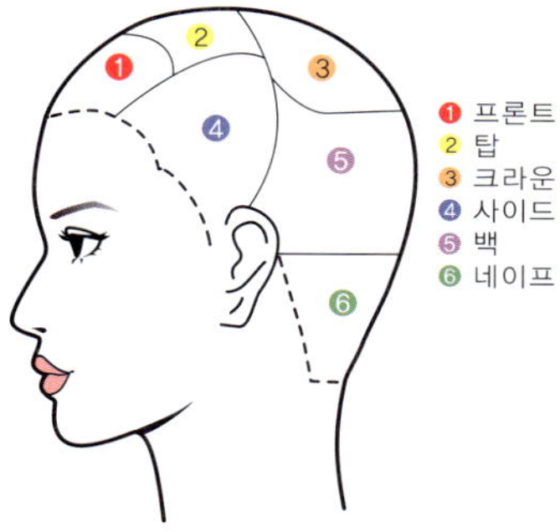

◀ 블로킹

3 섹션(Section)

커트스타일의 디자인 라인을 감안하여 수평, 수직, 사선, 방사형 등의 섹션을 활용한다.

① 수평섹션(Horizontal section)

두상을 수평으로 가로지르며 나누는 섹션이다. 원랭스 스타일의 길이를 조절하거나 좌우 밸런스를 맞출 때 편리하다.

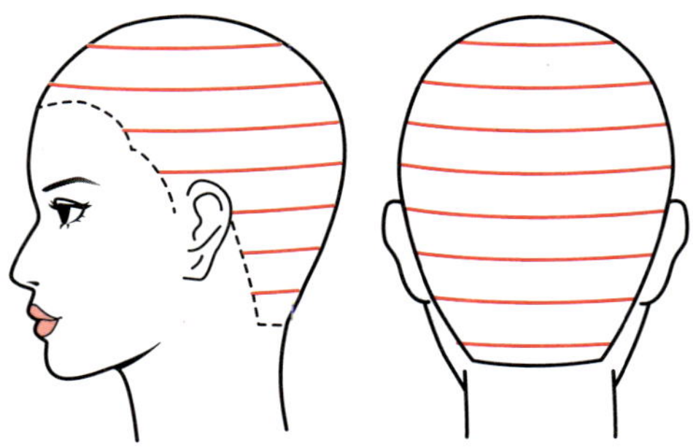

▲ 파팅 선

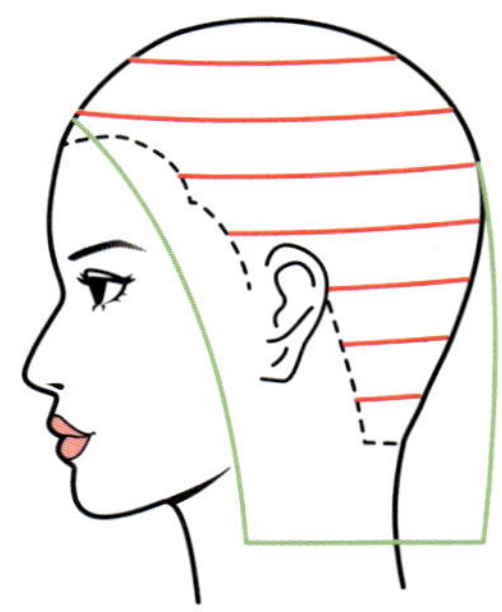

▲ 커트 시 언더라인

② 수직섹션(Vertical setion)

두상을 세로로 나누는 섹션이다. 각도 조절이 용이하여 층이 있는 스타일로 커트할 때 편리하다.

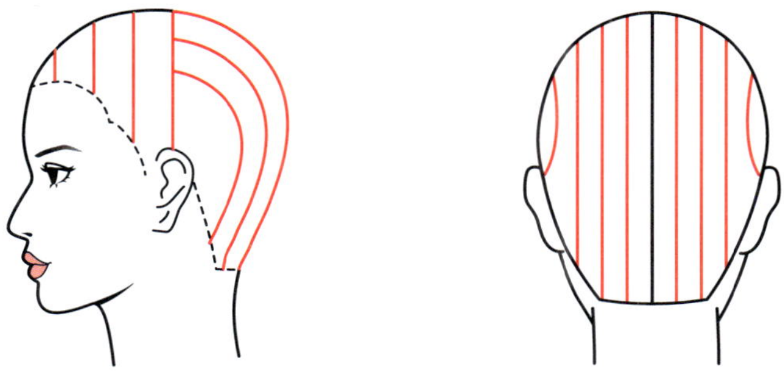

▲파팅 선

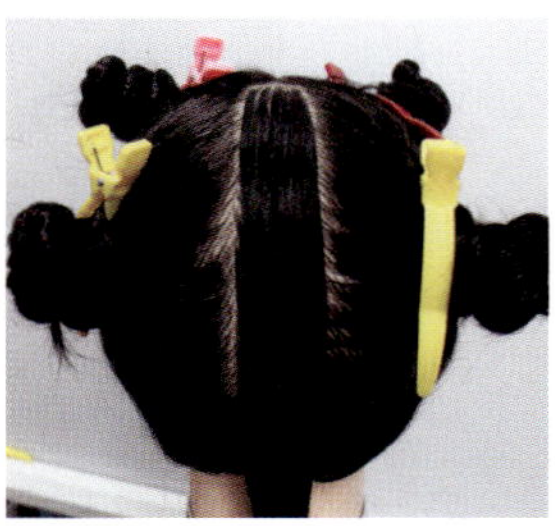

③ 사선섹션(Diagonal setion)

두상을 대각선으로 나누는 섹션이다. 입체감과 방향성을 표현할 때 효과적이다.

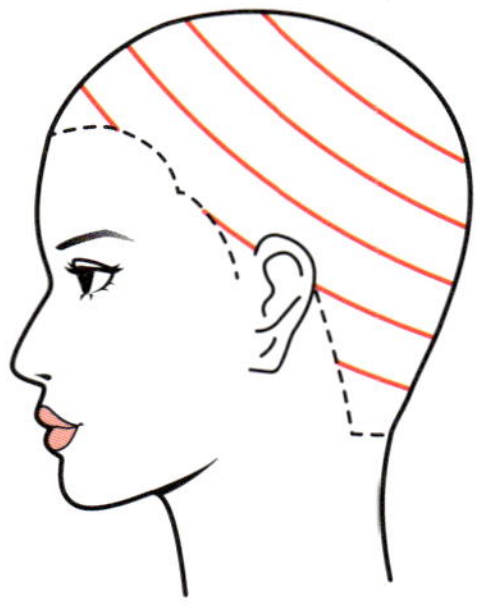

▲ V(U) 섹션

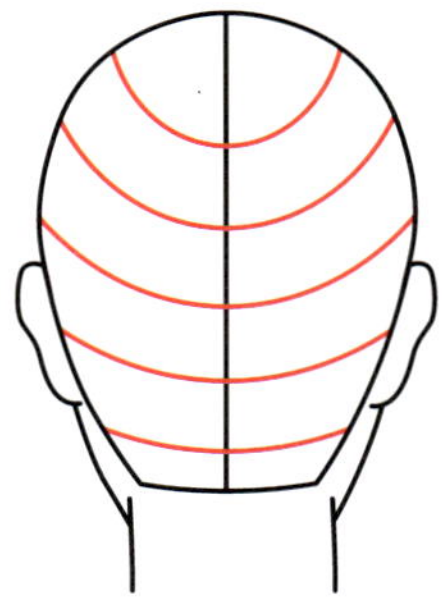

▲ 파팅 선

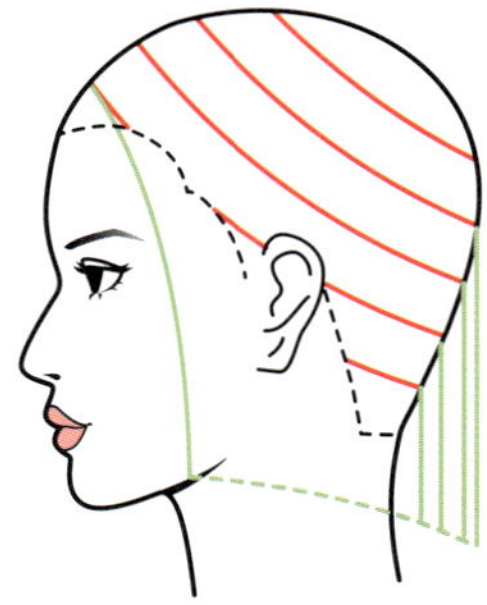

▲ 커트 시 언더라인

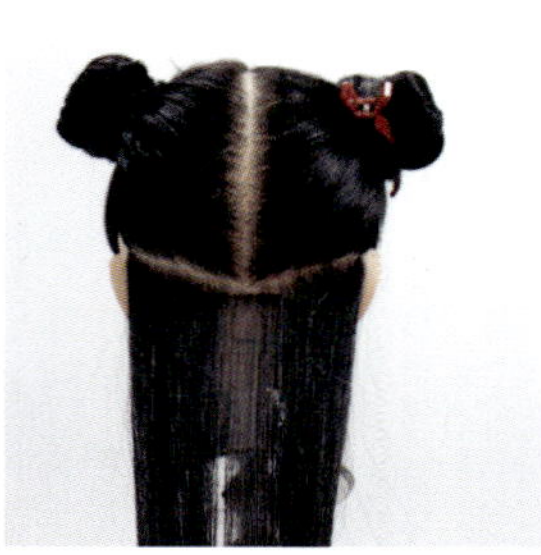

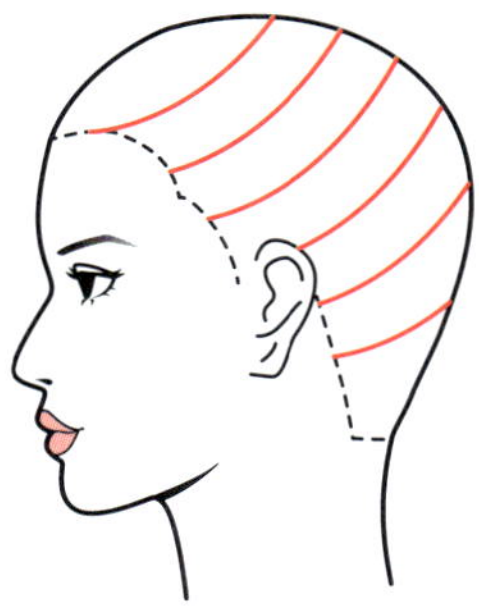

▲ A 섹션

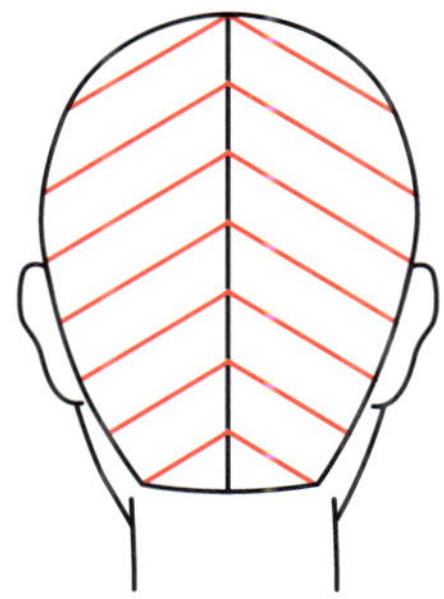

▲ 파팅 선

▲ 커트 시 언더라인

④ 방사형 섹션(Pivot section)

방사형으로 나누는 섹션이다. 두상 어느 부위에서든 사용할 수 있으나 크라운 둘레에 층을 낼 때 많이 활용된다.

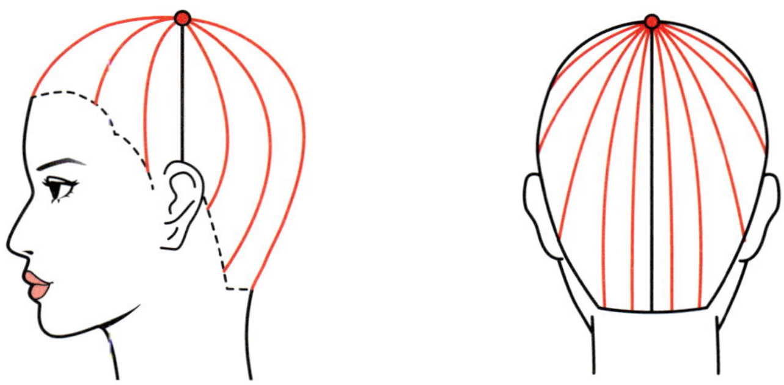

▲ 파팅 선

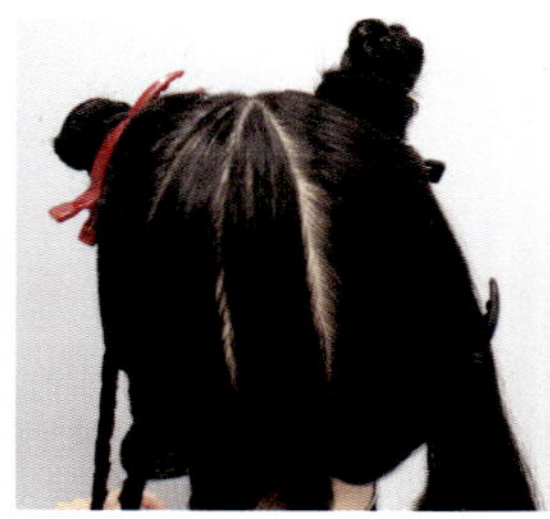

4 슬라이스(Slice)

모발다발을 얇게 나누는 것을 의미한다. 섹션과 같은 의미로도 쓰인다.

5 패널(Panel)

슬라이스했을 때 생기는 직사각형의 일정한 모량을 말한다.

6 베이스(Base)

특정한 모발다발(스트랜드)의 바닥면(두피)을 말한다.

① 온 더 베이스(On the Base)

패널(panel)이 베이스 바로 위에 있는 상태이다. 두꺼운 패널을 한손에 모아 잡으면 패널의 중심은 베이스 바로 위에 위치하지만 나머지 모발은 패널의 중심을 축으로 이등변 삼각형 형태로 모이게 된다. 이와 같은 상태에서 모발을 커트하는 것은 패널을 비슷한 길이로 커트하기 위함이다.

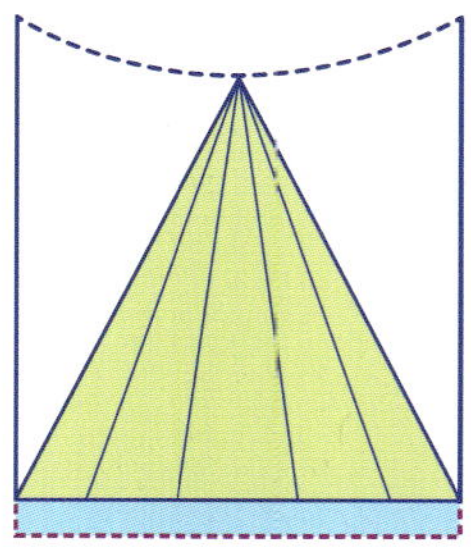

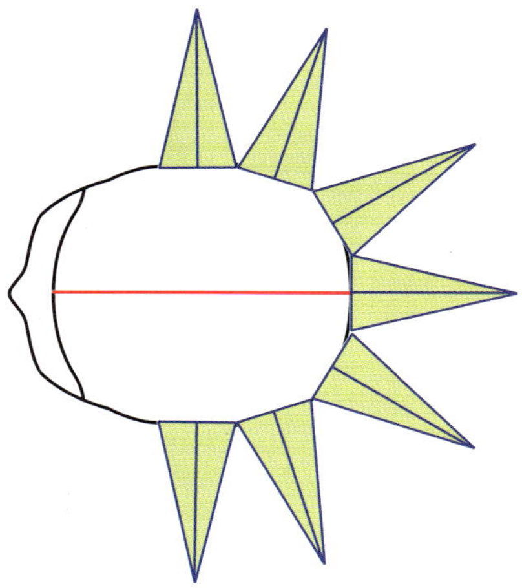

② 사이드 베이스(Side Base)

한 섹션의 폭에서 패널의 양쪽 중 어느 한 쪽이 직각을 이루는 상태이다. 이와 같은 상태에서 모발을 커트하는 것은 특정 패널의 길이가 점차 길어지도록 커트하기 위함이다.

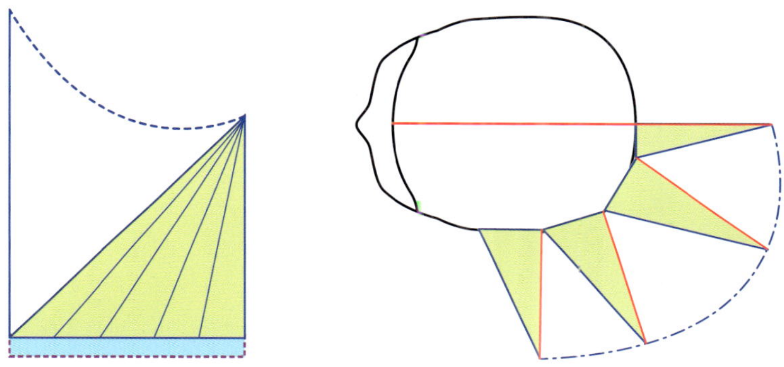

③ 오프 더 베이스(Off the Base)

한 섹션의 폭에서 패널이 베이스를 벗어난 상태이다. 이와 같은 상태에서 모발을 커트하는 것은 특정 패널의 길이 차이가 커지도록 커트하기 위함이다.

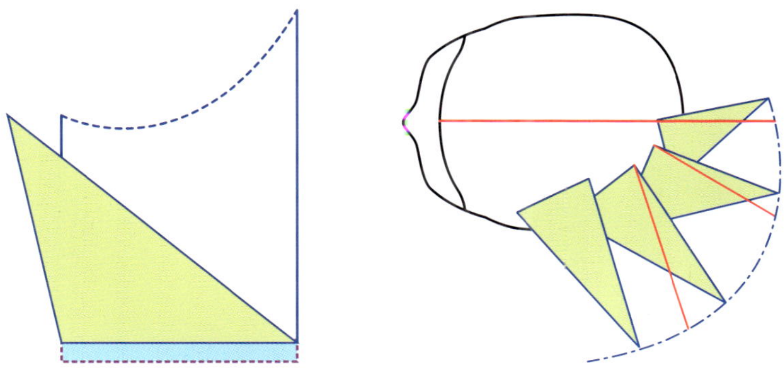

7 각도(Angle)

커트할 때 패널을 들어 올리거나 낮추는 정도, 특정 방향으로 당기는 정도를 각도로 표현한다.

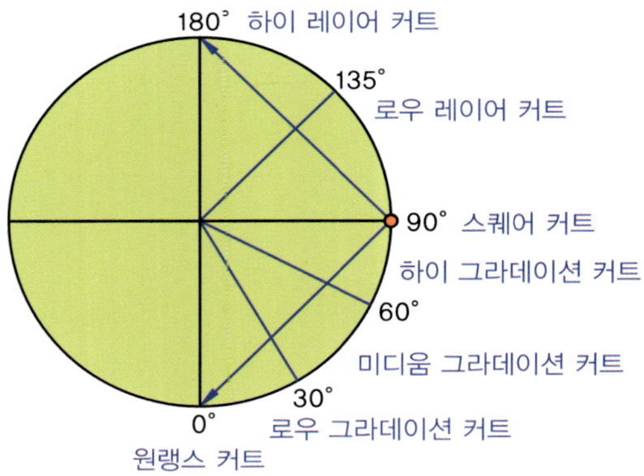

◀ 커트 각도

C H A P T E R

02

헤어커트
기본 스타일

1

원랭스 스타일(One-length Style)

단차가 생기지 않도록 모든 섹션을 자연스럽게 빗어 내려 아랫단을 자른 스타일이다. 아랫단의 형태선을 수평, 사선, 곡선으로 자를 수 있다. 단차가 없는 원랭스 스타일은 가지런한, 머끈한, 명쾌한, 단정한, 정적인, 안정된, 단조로운 느낌이 난다.

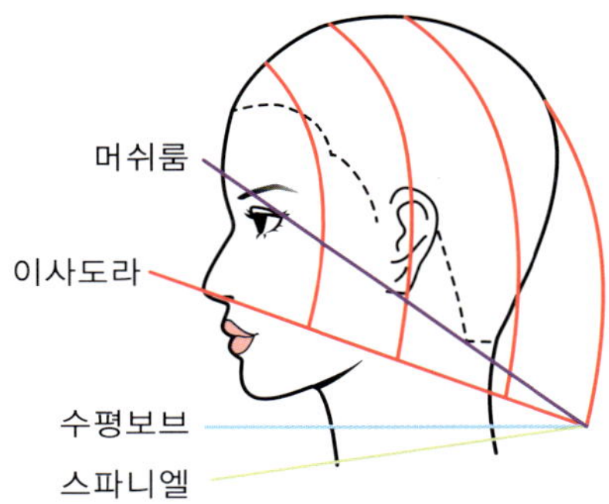

1 수평 보브(parallel line, 일자평행형)

네이프 라인의 머리끝을 기점으로 커트 선이 수평으로 일직선인 스타일

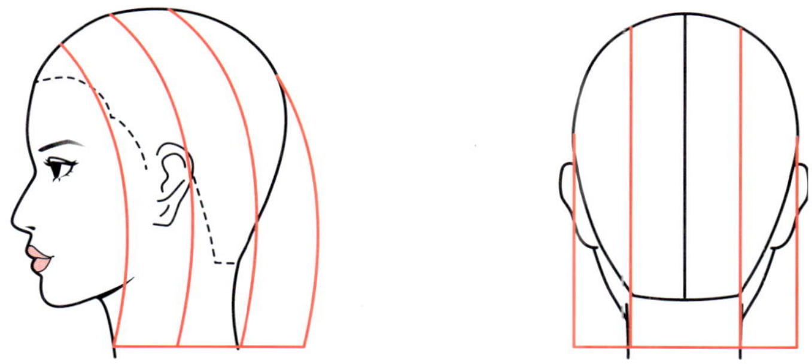

2 스파니엘(A line, concave line)

커트된 라인이 앞쪽으로 길어지면서 일직선인 스타일

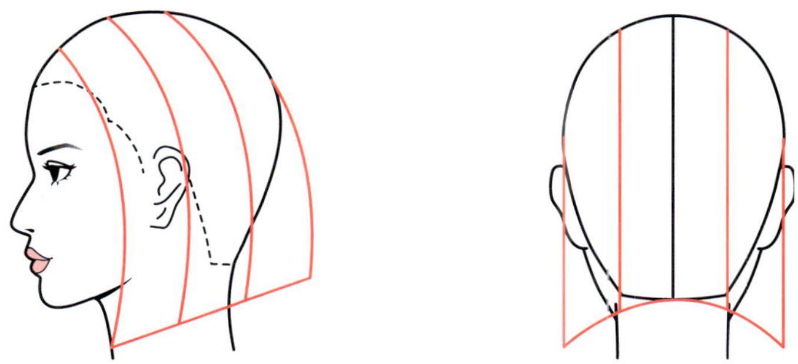

3 이사도라(V line, convex line)

커트된 라인이 뒤쪽으로 길어지면서 일직선인 스타일

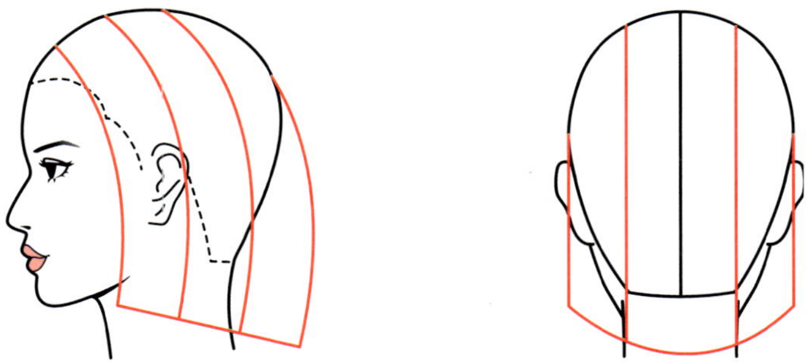

4 머쉬룸(Mushroom, 양송이 버섯형)

커트된 라인이 얼굴 정면에서 네이프 라인과 일직선인 스타일

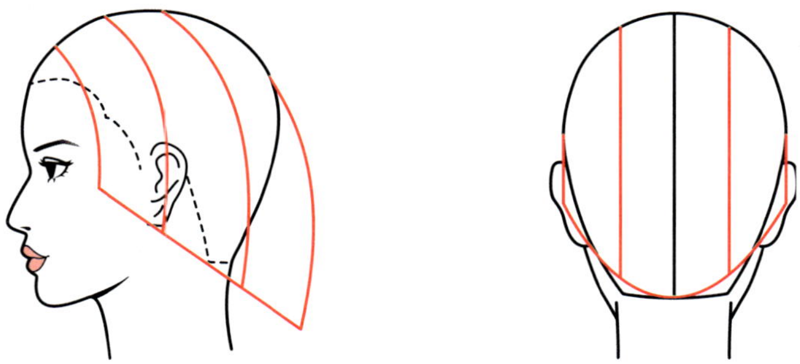

2

그라데이션 스타일(Gradation Style)

헤드로부터 모발을 점진적으로 들어 올리면서 커트하는 그라데이션 스타일은 잘린 모발이 미세하게 쌓이면서 삼각형 모양이 된다.

그라데이션 스타일은 층이 없는 부분과 층이 있는 부분이 만나는 지점, 즉 형태선의 무게감이 입체감을 만든다.

그라데이션 스타일은 시술각도에 따라 로우 그라데이션(low gradation), 미디엄 그라데이션(medium gradation), 하이 그라데이션(high gradation)으로 나눈다.

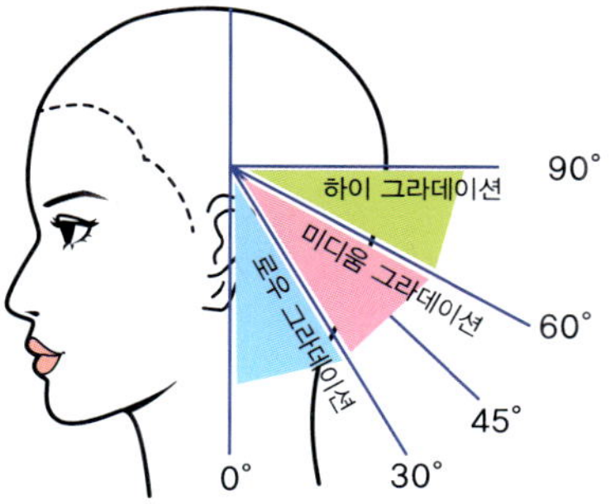

◀ 그라데이션 커트와 각도

- 로우 그라데이션(low gradation) : 1°~30° 들어 올려서 커트
- 미디움 그라데이션(medium gradation) : 31°~60° 들어 올려서 커트
- 하이 그라데이션(high gradation) : 61°~89° 들어 올려서 커트

3

레이어 스타일(Layer style)

모발 길이에 많은 단차를 주어 커트하는 스타일이다. 모발을 두피에서 90° 또는 그 이상 들어 올려서 자르며 롱 헤어와 쇼트 헤어에 두루 활용된다. 헤어의 흐름은 헤드 곡면을 따라 분산되기 때문에 무게감이 제거되어 가볍고 활동적이다. 레이어 커트 기법은 많은 모량의 부피를 손쉽게 줄일 수 있고, 두상의 악조건을 커버할 수 있어 남녀노소를 막론하고 폭넓게 적용된다.

1 유니폼 레이어(Uniformed Layer)

두상을 따라가며 동일한 길이로 커트하기 때문에 헤어스타일의 길고 짧음에 관계없이 모든 모발의 길이가 같은 스타일이다. 커트된 모발 길이가 짧을수록 두상의 형태가 드러나며 길수록 두상 형태는 가려진다.

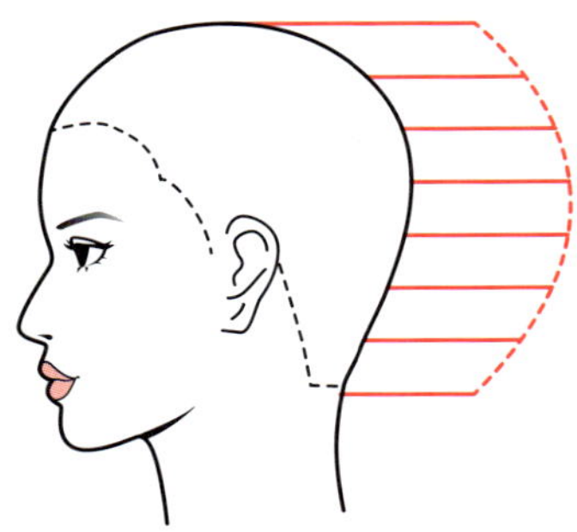

2 스퀘어 레이어(Square layer)

머리 형태의 사방에서 대칭적으로 길이를 갖게 자르며 외곽에서 서로 수직으로 만나도록 박스 모양으로 자르는 스타일이다. 스퀘어 커트에서 많이 쓰이며 남성적인 스타일이다.

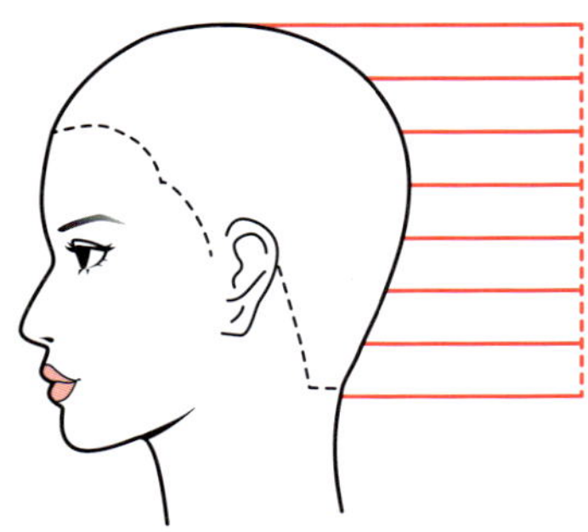

3 인크리스 레이어[(Increase layer(concave line)]

모발 길이에 가장 많은 단차가 생기는 스타일이다. 모발을 두피에서 90° 이상 들어 올려서 자르기 때문에 톱 부분에서 아래쪽으로 내려갈수록 모발 길이가 길어진다. 결과적으로는 커트된 모발 끝이 모두 보이기 때문에 활동적인 모발 질감을 나타낸다.

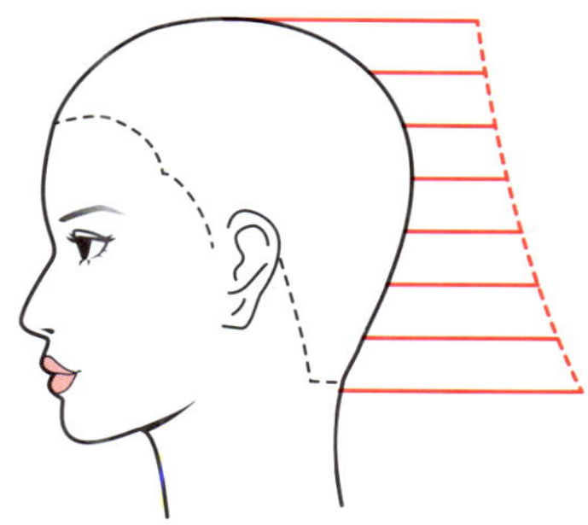

4

혼합형(Combination style)

다양하고 개성 있는 커트 스타일은 대개 두 가지 이상의 커트 스타일이 혼합된 형이다. 여러 가지 스타일을 혼합할 때는 머리 모양과 머릿결을 고려하여 전체 디자인에 어떤 느낌이 더해질지를 떠올리며 커트 구조를 계획한다.

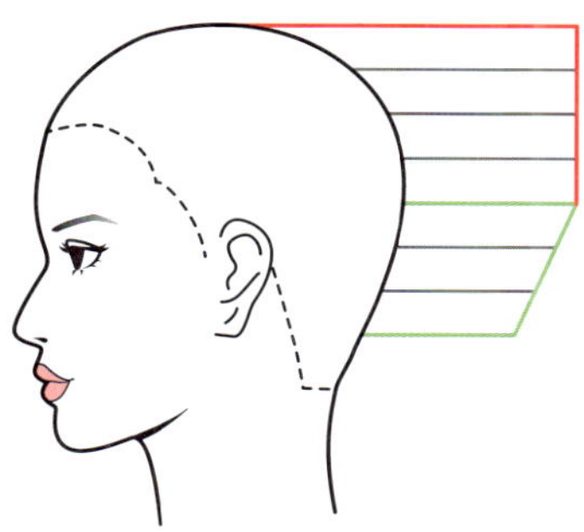

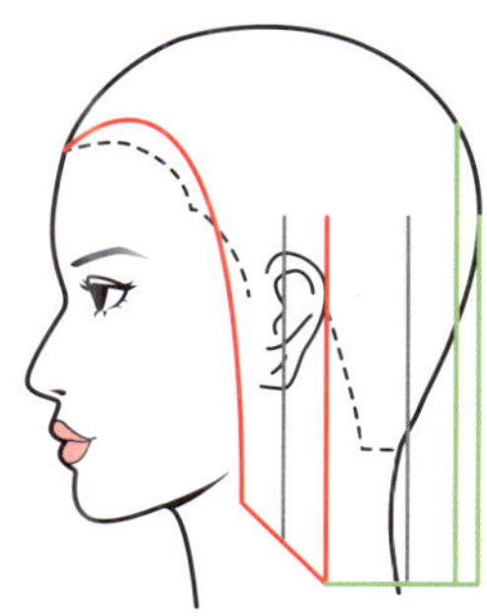

CHAPTER

03

질감 처리 기법

(Texture techniques)

1

블런트 커트(Blunt cut)

모발을 뭉툭하게 직선으로 자르는 기법이다. 길이는 제거되지만 부피는 그대로 유지된다. 가늘고 부드러운 모발의 부피와 중량감을 유지하기에 유리하다. 모발 손상이 적고 잘린 부분이 명확하며 모발 끝에 흔이 있다. 입체감과 기하학적인 윤곽을 연출하기 쉽다.

2

틴닝(Thinning)

모발을 잡은 스트랜드의 길이는 유지하되 부피를 줄여 얇게 만드는 기법이다. 레이저 또는 커트 가위로도 틴닝을 할 수 있지만 틴닝가위를 사용하면 쉽고 빠르게 숱을 줄일 수 있다. 틴닝가위는 마른 모발에 사용한다. 젖은 모발에 사용하면 모발이 뭉쳐서 틴닝이 고르지 않다. 반면에 레이저로 틴닝을 할 때는 젖은 모발에 해야 한다. 마른 모발에 레이저를 사용하면 모발이 당겨서 커트되는 느낌이 나쁘고 모발이 손상된다. 모발이 뻗칠 수 있는 부분(front hem line, parting line, crown)은 틴닝을 삼간다.

3

테이퍼링(Tapering, Feathering)

테이퍼링은 모발 끝을 향해 가늘게 숱을 쳐가면서 동시에 길이를 자르는 기법이다. 젖은 모발과 마른 모발에 테이퍼링할 수 있다. 마른 모발에는 가위를 사용하여 스트록(stroke)하는 것이 좋고 젖은 모발에는 레이저를 사용하여 모발 끝을 새털 같이 가볍게 테이퍼링할 수 있다.

1 테이퍼 부위에 따른 분류

① 엔드 테이퍼(end taper)

스트랜드의 모발 끝으로부터 1/3 이내만 테이퍼하는 기법으로서 모량이 적을 때 사용한다.

② 노말 테이퍼(normal taper)

스트랜드의 1/2 부분에서부터 폭넓게 테이퍼하는 기법으로 모량이 보통일 때 사용한다.

③ 딥 테이퍼(deep taper)

스트랜드의 2/3 지점에서부터 테이퍼를 시작하여 많은 양의 모발을 제거하는 기법이다. 모량이 지나치게 많을 때 사용한다.

④ 스트록(Stroke)

가위를 사용하여 마른 모발에 테이퍼링하는 것을 말한다. 패널을 잡고 가위날을 벌린 채로 백 코밍(back combing)하듯이 스트록하면 모발 끝을 새털 같이 가볍게 테이퍼링할 수 있다.

롱 스트록(Long stroke)

미듐 스트록(Medium stroke)

쇼트 스트록(Short stroke)

▲ 가위 깊이에 따른 스트록

▲ 사이드 스트록

5
슬라이딩(Sliding)

가위가 미끄러지듯 C자형을 그리며 모발을 커트하는 기법이다.

6
슬라이싱(Slicing)

모발 끝에 흩어지듯 가벼운 느낌을 만들기 위해 모발 끝부분에 길고 짧은 단차를 만드는 기법이다. 가위가 모발 끝을 향해 가볍게 밀리면서 모발을 자른다.

7

나칭(Notching)

모발 끝을 가볍고 자연스럽게 만들기 위해 끝부분을 지그재그 모양으로 자르는 기법이다.

가위를 패널 끝에 비스듬히 넣어가며 지그재그 모양으로 커트한다. 블런트 커트의 딱딱한 느낌을 제거할 수 있다.

◀나칭 커트

8

싱글링(Shingling)

싱글링 커트는 빗으로 모발을 떠올리면서 빗 위로 올라오는 모발을 커트하는 기법이다. 모발이 짧아서 손으로 패널을 잡기 힘들 때 손가락 대신 빗으로 모발을 떠올리면서 커트하면 편리하게 커트할 수 있다.

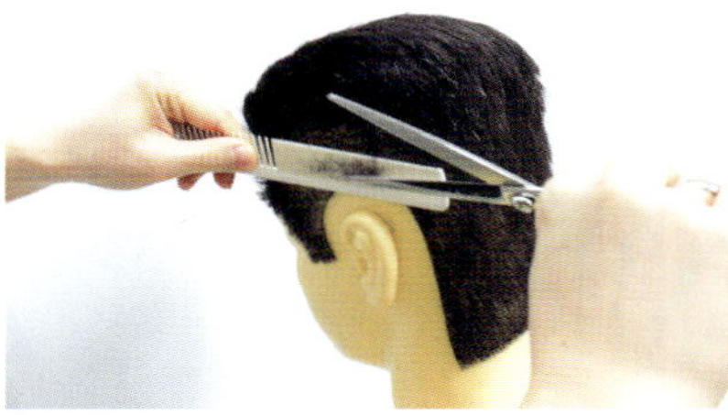

PART 04

퍼머넌트 웨이브

CHAPTER

01

퍼머넌트 웨이브 개요

1

퍼머넌트 웨이브의 의미

'펌' 또는 '퍼머'라고도 불리는 퍼머넌트 웨이브는 '영구적인 물결(permanent wave)'이라는 의미다. 모발에 아이론이나 드라이어의 열로 만든 웨이브는 1회의 샴푸로 없어지는 반면 펌제를 사용하여 만든 웨이브는 반복된 샴푸에도 없어지지 않으므로 퍼머넌트 웨이브라고 한다. 펌제를 사용하여 곱슬머리를 직모로 펴는 것도 펌의 일종으로 분류한다.

펌을 하는 것은 헤어스타일의 볼륨이나 질감 등을 조절하여 개성미를 연출하거나 두상과 얼굴형을 보정하기 위함이다. 쉽고 빠른 머리 손질을 위한 목적도 있다.

2

퍼머넌트 웨이브의 원리

펌제 1제의 환원작용으로 모발의 시스틴 결합이 절단되고, 펌도구의 물리 작용으로 모발이 변형되며, 펌제 2제의 산화작용으로 시스틴 결합이 재결합되면서 변형된 모발 상태가 고정되어 퍼머넌트 웨이브가 이루어진다.

부연하면, 모발 케라틴의 시스틴 결합(–S–S–)은 퍼머넌트 웨이브의 형성에 직접 관여하는 결합으로 케라틴이 단단하고 안정된 구조를 이루는 데 큰 역할을 하지만, 알칼리성 용액에는 약한 성질이 있어 펌제 1제에 포함된 알칼리 용액에 의해 모표피가 열리고, 모발이 연화되어 로드(rod)의 모양대로 웨이브를 형성하기 쉬운 상태가 된다.

여기에 더하여 펌제 1제의 환원제가 단단한 시스틴 결합을 환원, 절단(–SH....HS–)시킴으로써 모발이 구부러지기 쉽도록 도와주고, 로드의 모양과 크기에 따라 모발의 당겨짐이 다른 상태로 웨이브가 형성될 수 있도록 한다.

제2제를 사용하게 되면 구부러진 시스테인의 수소(H)와 산화제 중의 산소(O)가 만나 물(H_2O)을 만들고, 가까운 측쇄에 있는 시스테인끼리는 재결합하여 새로운 시스틴(–S–S–)을 형성함으로써 퍼머넌트 웨이브를 만든다.

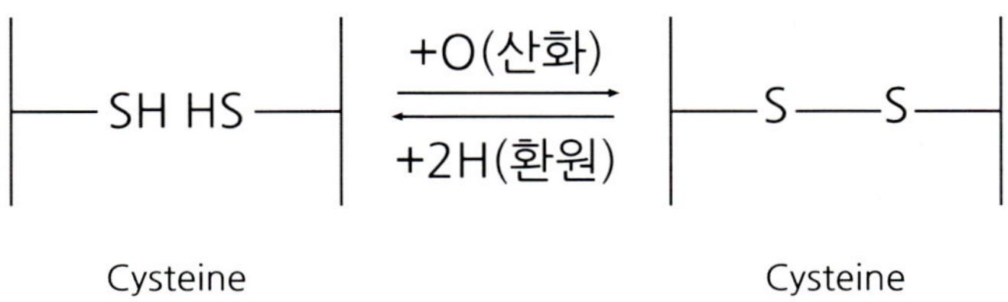

◀ 펌의 원리

③

퍼머넌트 웨이브제의 구성 성분

퍼머넌트 웨이브제를 구성하는 주요 성분은 환원제와 산화제이다. 그 외 구성성분으로 pH 조정제와 첨가제가 있다.

1 제1제

환원제

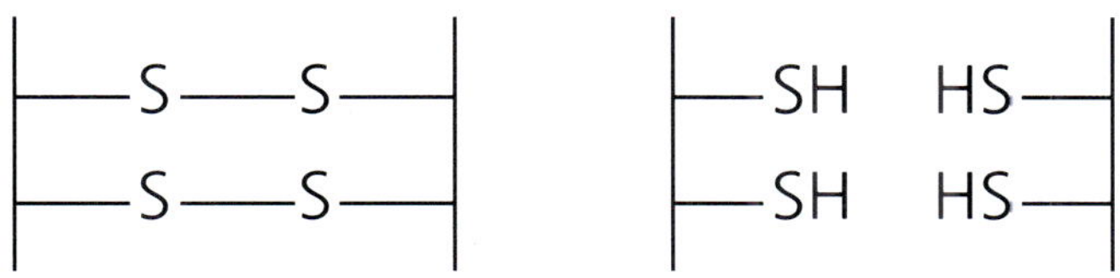

(자연상태의 모발) (환원제가 도포된 모발)

◀ 환원제의 작용

① 티오글리콜산(Thioglycolic Acid)

티오글리콜산은 무색의 액체로 특이한 냄새가 있으며 시스틴을 환원시켜 시스테인이 되게 한다. 산성에서는 환원력이 약하고 알칼리성에서는 환원력이 강하다. 비교적 환원력이 높아 웨이브 형성력이 강하다. 펌제 1제의 티오글리콜산 농도는 2~7%이다.

② 시스테인(Cysteire)

시스테인은 모발 중의 시스틴을 전기분해로 환원한 후 수소를 첨가한 것이다. 환원력이 약해서 비교적 약한 웨이브를 형성하는 대신 모발 손상이 적다. 시스테인은 불휘발성으로 냄새가 적지만 모발에 잔류할 수 있어 산성린스로 꼼꼼히 헹궈야 한다. 시스테인은 공기 중에 노출되면 산화되어 시스틴 결정으로 변하기 쉬우므로 보관 시 공기접촉을 주의해야 한다. 펌제 1제의 시스테인 농도는 3~7.5%이다.

③ 알칼리제

알칼리제는 펌제 1제의 pH를 조절하여 환원제의 효과를 높이고 모발을 부드럽게 팽윤시켜 환원제가 모발 깊숙이 침투하도록 한다.

2 제2제

산화제

제2제는 산화제이다. 제1제에 의해 끊어진 시스틴 결합을 산화하여 새로운 웨이브나 직모로 고정하는 역할을 한다. 산화제로는 주로 과산화수소와 브롬산염류(브롬산나트륨, 브롬산칼륨)를 사용한다. 과산화수소는 산화작용이 강하고 빠르기 때문에 방치 시간은 5~10분이 적당하다. 브롬산염류는 산화작용이 약하고 느리므로 방치 시간은 10~20분이 적당하다.

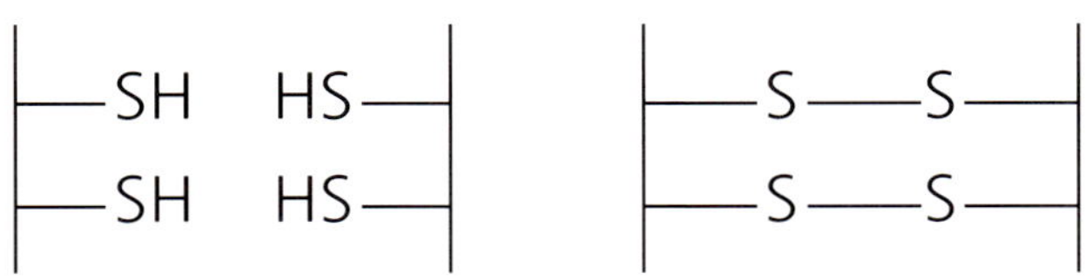

(환원된 모발) (산화제를 도포한 모발) ◀ 산화제의 작용

3 첨가제

펌제 성분의 침투를 좋게 하거나 안정성, 사용감, 냄새 등을 좋게 하는 성분이다. 첨

가제는 pH, 산화력, 시험법, 유효성, 안전성에 영향을 미치지 않는 범위 내에서 배합이 가능하다.

① 침투제

펌 시술 시 펌제가 모발의 내부까지 침투가 되지 않으면 웨이브 형성이 어렵다. 모발 내부까지 펌제 성분의 침투가 원활하도록 한다. 침투제로 사용되는 계면활성제는 친수기와 친유기를 가지고 있으며 이온성을 띤다. 그 이온성에 따라 음이온 계면활성제, 양이온 계면활성제, 비이온 계면활성제로 분류한다.

② 보습제

모발에 적당한 습기를 주어 방치 시간 중에 펌제의 건조를 막아 침투를 촉진할 목적으로 배합한다. 글리세린, 프로필렌글리콜이 습윤제로 이용된다.

③ 착색제

화장품이나 펌제에 사용하는 색소는 햇빛, 열, 산, 알칼리, 산화제, 환원제 등의 약품에 약한 것이 많아 펌제 1제 또는 2제에 첨가하는 착색제는 한정된다.

④ 양모제

모발을 보호하면서 감촉을 좋게 할 목적으로 라놀린, 스쿠알렌, 올리브유, 야자유, 유동 파라핀, 와세린 등이 있다.

⑤ 안정제

환원제인 티오글리콜산 및 시스테인이 금속이나 알칼리에 쉽게 산화되는 것을 방지할 목적으로 사용한다.

⑥ 기타

pH를 조정하기 위해 구연산나트륨, 피부염증 예방을 위해 항염증제, 좋은 향을 위해 향료를 첨가한다.

4

펌 디자인 패턴

1 반복 패턴

두상 전체에 모양과 크기가 같은 펌 로드를 사용한다. 모든 모발에 같은 모양의 웨이브를 만들 때 사용하는 기법이다. 두상 전체에 모양과 크기가 같은 펌 로드를 사용하더라도 모발 길이가 특히 짧은 부위에서는 웨이브 모양이 달라진다.

2 교대 패턴

두 가지 이상의 서로 다른 모양이나 크기를 가진 로드를 교대로 배치한다. 두상 전체에 두 가지 이상의 모양을 가진 웨이브가 반복적으로 나타나도록 할 때 사용하는 기법이다. 두 가지 이상의 웨이브 모양이 교대로 섞여 있어 반복기법에 비해 펌 질감의 변화를 느낄 수 있다.

3 진행 패턴

모양은 같으나 크기가 다른 로드를 크기순으로 배치한다. 톱에 가장 굵은 로드를 배치하고 네이프 쪽으로 갈수록 가는 로드를 배치하거나 반대로 톱에 가장 가는 로드를 배치하고 네이프 쪽으로 갈수록 굵은 로드를 배치하는 기법이다. 볼륨은 풍성하면서도 겉에 드러난 웨이브를 느슨하게 표현하려면 톱 부위에 굵은 로드를 배치한다. 겉에 보이는 웨이브는 강하지만 볼륨감은 줄이고 싶다면 톱 부위에 가는 로드를 배치한다.

4 대조 패턴

크기나 모양 차이가 큰 웨이브를 배치한다. 위쪽 부위는 직모, 아래쪽 부위는 웨이브가 있도록 펌을 하거나 위쪽 부위에는 곡선의 웨이브, 아래쪽 부위에는 각진 웨이브를 만들었다면 대조기법을 사용한 것이다.

5 대조 교대 패턴

두 가지 이상의 서로 다른 모양이나 크기를 가진 로드를 교대로 배치하되 그 모양과 크기의 차이가 매우 크다. 개성미가 돋보이는 웨이브 표현 기법이다.

5 펌의 종류

펌은 그 종류가 다양하다. 같은 펌제나 도구를 사용하더라도 열사용 여부, 펌제 사용방법, 와인딩 방법, 펌디자인 등 여러 가지 요인으로 펌 이름을 달리 부른다.

1 열사용 여부에 따라

콜드펌, 히트펌(열펌), 일반펌 등

2 사용 도구 또는 기기명에 따라

다이렉트펌, 부메랑펌, 르네상스펌, 나이아가라펌, 아이론펌(고데펌), 아이론다운펌, 아이론스핀스왈로펌, 셋팅펌, 디지털펌(디지털열펌), 레인보우펌, 호일펌, 반호일펌, 위빙반호일펌, 핀컬펌, 매직펌, 볼륨매직펌, 뿌리매직펌, 매직세팅펌, 롤펌, 롤스트레이트펌, 스트레이트펌, 볼륨스트레이트펌, 핀컬펌, 스핀펌(스왈로펌, 스핀스왈로펌) 등

3 펌제의 pH 또는 펌제 사용방법에 따라

산성펌, 중성펌, 알칼리펌, 연화펌, 경화펌, 직펌, 간접펌, 물펌 등

4 와인딩(winding) 방법에 따라

크로키놀펌, 스파이럴펌(나선펌, 소라펌), 트위스트펌 등

5 펌 디자인에 따라

물결펌, 러블리펌, 여신펌, 루즈펌, 쉐도우펌, 포마드펌, 볼륨쉐도우펌, 그림자펌, 텍스처펌, 쉐도우텍스처펌, 질감펌, 볼륨펌, 드라이펌, 볼륨쉐도우펌, 웨이브펌, S컬펌, C컬펌, J컬펌, 디자인펌, 베이비펌, 뽀글이펌, 네추럴펌, 네추럴웨이브펌, 에어펌, 글램펌, 바디펌, 발롱펌, 트렌드펌, 히피펌, 쉼표펌, 댄디펌, 리젠트펌, 레이어드펌, 보브펌, 어쉬메트릭펌, 샤기펌, 울프펌, 디자인샤기펌, 뿌리펌(루트펌), 다운펌, 반올백쉐도우펌, 가르마펌, 애즈펌, 아프로펌, 드레드아프로펌, 파이프드레드펌(로또펌), 스프링드레드펌, 다데펌, 믹스펌, 위빙펌 등

6 기타 펌

복구펌, 복구매직펌, 클리닉펌, 특수펌, 코팅펌, 옴므펌, 주니어펌, 실버펌 등

CHAPTER

02

퍼머넌트 웨이브의 실제

①

고객 상담

고객은 펌을 한 자신의 모습을 기대한다. 고객의 기대에 부응하기 위해 편안한 분위기에서 충분한 대화를 통해 고객이 원하는 바를 파악하는 것이 중요하다. 고객이 추구하는 헤어스타일과 웨이브의 형태, 고객의 라이프 스타일과 평소 머리 손질 방법을 확인한다. 고객의 의사를 존중하는 범위에서 고객에게 어울리는 스타일을 추천할 수 있다.

②

두피 및 모발 진단

시진, 촉진, 문진을 통해 두피 상태를 진단한다. 머릿결은 사람에 따라 많은 차이를 보이므로 펌 시술 전에 모발의 건강상태와 이전의 미용시술 이력 등을 파악한다.

③ 펌 시술 전 샴푸

지나친 헤어제품과 유분을 제거하여 환원제의 흡수를 돕고 균일한 웨이브를 얻기 위해 샴푸한다.

세정력이 너무 강한 샴푸제는 두피와 모발을 건조하게 하므로 중성~알칼리성 샴푸를 사용한다.

린스나 컨디셔너는 모발 표면에 얇은 피막을 만들어 환원제의 침투를 방해하므로 생략한다.

모발이 깨끗한 경우는 미온수로 헹구거나 골고루 분무하는 것으로 샴푸를 대신한다.

④ 펌 시술 전 커트

모발 길이의 변화가 많을 경우는 펌 시술 전에 커트부터 해야 한다. 머리 길이를 약간 다듬는 경우는 펌 시술 후에 커트한다. 머리끝에 테이퍼링이 필요하다면 펌이 끝난 후에 한다. 모발 길이가 고르지 않으면 와인딩이 어렵고 모발 끝 웨이브가 지나치게 강할 수 있기 때문이다. S자 웨이브를 원한다면 로드에 두 바퀴 이상 감겨야 하므로 길이를 감안하여 커트한다.

5

펌 시술 재료 및 도구

이동식 정리대, 고객가운, 수건, 어깨보, 펌제, 로드, 엔드 페이퍼, 고무줄, 스틱, 핀셋, 꼬리빗, 고무장갑, 비닐캡, 분무기, 모발 보호제, 타이머, 샴푸, 린스, 열 기계 등

6

로드 선정

로드를 선택할 때에는 모발 길이, 모발 상태, 원하는 웨이브 모양을 고려한다.

꼬불꼬불한 웨이브를 원하면 직경이 작은 로드를, 크고 부드러운 웨이브를 원하면 직경이 큰 로드를 사용한다.

C자 웨이브를 원하면 1~1.5바퀴가 감기는 로드를 선정한다. S자 웨이브를 원하면 2.5바퀴 이상 감기는 로드를 선정한다.

극손상모는 슬라이스를 얇게 뜨면서 직경이 큰 로드를 사용한다. 너무 가는 로드를 사용하면 모발이 자지러지기 쉽다.

7

사전 트리트먼트

모발이 손상된 부위에 LPP, PPT 등의 모발영양제로 트리트먼트 한다.

8

블로킹

펌 디자인에 맞춰 로드를 효율적으로 배열하기 위해 블로킹을 크게 또는 작게 나눈다.

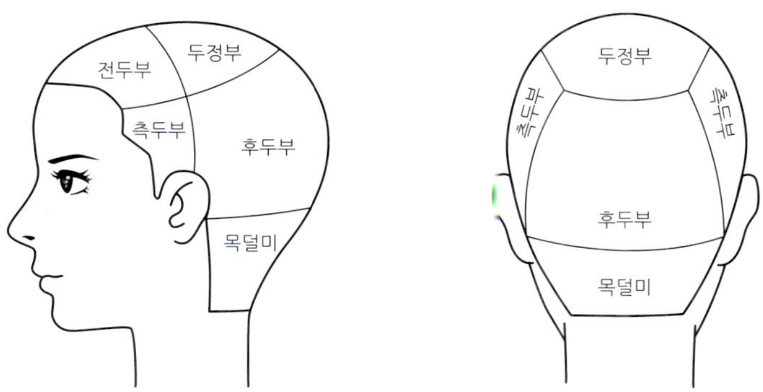

◀ 블로킹

9

와인딩

1 와인딩 기법

① 크로키놀식 와인딩

모간 끝에서 와인딩을 시작하는 크로키놀식은 모간 끝 웨이브가 가장 가늘고 모근으로 올라갈수록 웨이브가 굵어진다.

▲ 크로키놀식 와인딩

② 스파이럴식 와인딩

두피 쪽에서 와인딩을 시작하는 스파이럴식은 모간 전체에 동일한 웨이브가 형성되고 두피 쪽 볼륨이 크지 않다.

▲ 스파이럴식 와인딩

2 와인딩 각도

와인딩할 때 모발을 들어 올리는 각도에 따라서 두피 쪽의 볼륨 정도와 컬의 탄력성이 달라진다. 스트랜드 각도 135°로 와인딩하면 로드가 베이스에 정확하게 놓이고 볼륨이 가장 크게 형성된다. 스트랜드 각도 90°로 와인딩하면 로드의 1/2은 베이스 안에 있고 나머지 1/2은 베이스 밖에 걸쳐 있는 상태가 되어 주변 컬과의 연결감이 좋다. 스트랜드 각도 45°로 와인딩하면 로드가 베이스 슬라이스로부터 벗어나 베이스 아래에 놓이게 되어 볼륨이 거의 없게 된다.

3 섹션

펌 디자인에 따라 수평, 수직, 사선 등의 섹션을 떠서 와인딩한다.

로드 길이보다 짧게 슬라이스해서 와인딩하면 로드를 효율적으로 배치할 수 있다.

전두부나 측두부의 모발이 짧거나 모량이 적으면 슬라이스 라인이 생기기 쉬우므로 지그재그 섹션을 사용한다.

4 엔드 페이퍼

엔드 페이퍼는 모발 끝이 꺾어지거나 로드에서 빠져 나오는 것을 잡아주고 웨이브의 끝이 매끄럽게 되도록 하여 모발 손상을 방지하는 효과가 있다.

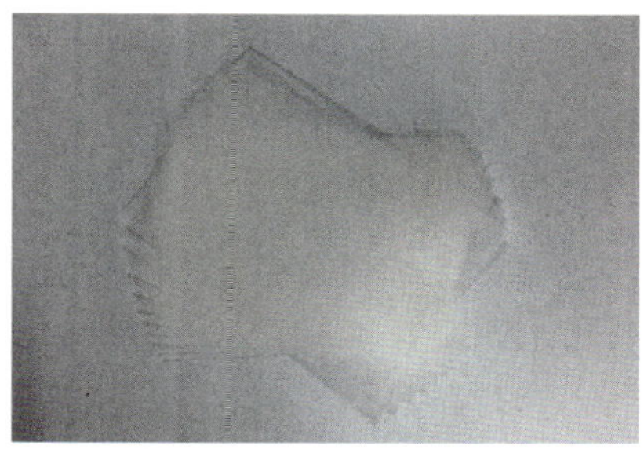

① 싱글 엔드 페이퍼(Single End Paper)

- 가장 기본적인 기술이다.
- 스트랜드 아랫면에 엔드 페이퍼를 대지 않고 윗면에만 올려놓고 검지와 중지로 납작하게 밀착시켜 움직이지 않도록 한 다음 로드를 아랫면에 대고 와인딩 한다.
- 스트랜드의 위쪽에 페이퍼를 놓고 와인딩하는 방법이다.
- 모발의 길이가 일정한 경우에 사용한다.
- 건강모일 경우에 사용한다.
- 크로키놀식 와인딩할 경우에 사용한다.

② 더블 엔드 페이퍼(Double End Paper)

- 엔드 페이퍼를 스트랜드의 윗면과 아랫면에 겹치도록 대고 모발 끝을 감싸서 와인딩한다. 이 방법은 지나치게 손상되었거나 모발의 길이 차가 심할 때 사용된다.
- 모발의 길이가 심하게 차이 나거나 모발 끝 손상이 심할 경우 스트랜드의 위와 아래에 각각 페이퍼를 놓고 와인딩하는 방법이다.
- 페이퍼가 양쪽으로 겹침으로 인해 쿠션의 역할을 한다.
- 열기구를 이용한 세팅 퍼머넌트나 즘에 디지털 퍼머넌트 시 사용한다.

③ 북 엔드 페이퍼(Book End Paper)

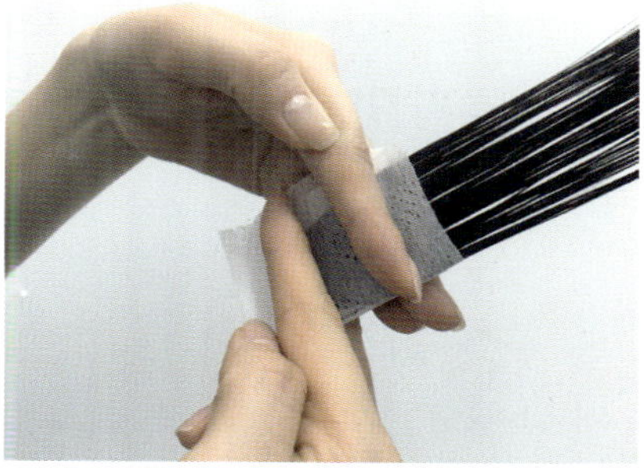

- 모발을 검지와 중지 사이에 끼워 잡고 엔드 페이퍼를 반으로 감싸는 방법으로 양면 사용과 비슷한 효과를 얻지만 모발의 길이 차가 심하면 사용할 수 없으며 스파이럴식 와인딩에 주로 쓰인다.
- 스트랜드를 작게 할 때 엔드 페이퍼를 반으로 접어 모발을 감싸는 방법을 주로 사용한다.
- 디자인 퍼머넌트와 같이 세로 슬라이스를 해서 와인딩할 경우 사용한다.

5 고무 밴딩

고무 밴딩은 로드에 와인딩한 모발이 풀리지 않도록 잡아주는 역할을 한다. 고무 밴딩 시 모근 쪽에서 너무 강하게 밴딩하면 고무줄에 눌려 모발이 꺾이거나 단모의 원인이 된다.

- 11자 모양의 밴딩은 로드의 두피 밀착력이 좋으나 밴딩 자국이 남을 수 있다.

- X자 모양의 밴딩은 모발에 자국이 남지 않으나 로드의 두피 밀착력이 약하다.

- 11자X자 모양의 밴딩은 적절한 두피 밀착력과 약간의 밴딩 자국 우려가 있다.

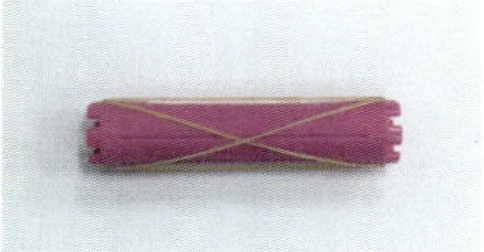

6 스틱 처리

와인딩 후 모근 쪽 모발에 고무줄 자국이 남거나 환원제와 산화제가 고이지 않도록 로드와 로드의 중앙을 스틱으로 연결한다.

7 헤어밴드 처리

펌제가 얼굴에 흘러내리는 것을 방지하기 위해 수건이나 헤어밴드를 둘러준다. 헤어밴드가 젖어 있는 경우 즉시 마른 수건이나 헤어밴드로 바꿔준다.

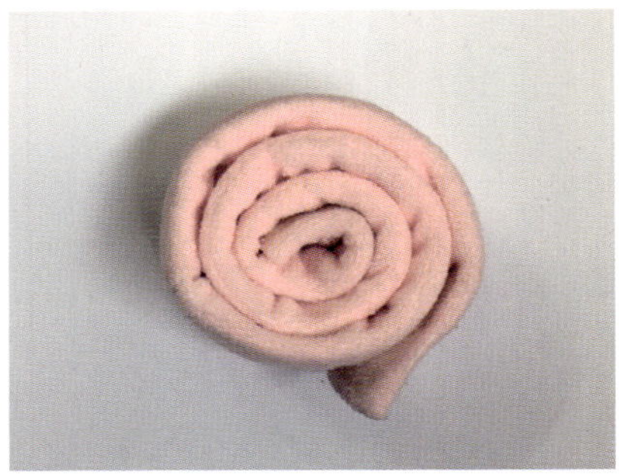

8 비닐캡 처리

비닐캡은 환원제에 함유된 알칼리 성분의 휘발을 막아 일정한 pH를 유지하고 보온효과로 펌 진행을 촉진한다.

산화제는 발열반응으로 열이 발생하는 화학반응을 하므로 산화제를 도포한 후 방치 시간 때는 비닐캡을 하지 않는다.

10

방치 시간

환원제를 도포하고 캡을 씌운 후부터 반응하는 시간을 방치 시간 또는 프로세싱 타임이라 한다.

방치 시간은 환원제를 도포한 다음 캡을 씌운 후부터 시작되며 일반적으로 15~20분 정도이다. 환원제의 종류, 모발 상태, 실내온도 등에 따라 방치 시간을 정하고 테스트 컬을 통해 방치 시간 연장 여부를 결정한다. 환원제는 대개 30℃ 전후에서 반응하므로 온도가 10℃ 정도 더 올라가면 반응이 배로 강해지고 웨이브 형성률도 높아져 방치 시간을 단축할 수 있다. 온도가 낮은 경우에는 펌제의 반응이 약해져 방치 시간이 길어진다.

열처리를 하게 되면 두피 자극, 강한 웨이브, 모발 손상 우려가 있으므로 환원제의 프로세싱 타임을 절반으로 줄인다. 방치 시간이 길어지거나 강한 펌제를 사용한 경우 모발이 거칠어지고 건조해져 손상모가 된다. 저항성모나 건강모는 방치 시간을 길게 둔다. 방치 시간을 짧게 했을 경우 웨이브가 약하게 형성되어 빨리 풀어진다. 염색모, 손상모, 연모는 알칼리에 대한 저항력이 약해 환원제를 도포하면 곧 팽윤·연화되므로 방치 시간을 짧게 둔다.

⑪

테스트 컬

환원제를 도포한 후 10~15분 정도 경과한 다음 환원제의 작용으로 모발이 연화되었는지 확인한다. 로드 두 바퀴 반을 풀어서 두피 쪽으로 살짝 밀어보고 S자의 웨이브의 형태가 형성되었는지 확인한다.

테스트 컬을 해보면 건강한 모발은 S자형의 웨이브가 뚜렷하고 손상된 모발은 S자형 웨이브가 뚜렷하지 않다. 일정한 방치 시간이 지나도 컬이 약할 때는 환원제를 재도포하여 방치 시간을 둔다. 5분 정도 경과 후 테스트 컬을 한 다음 중간 린스를 한다.

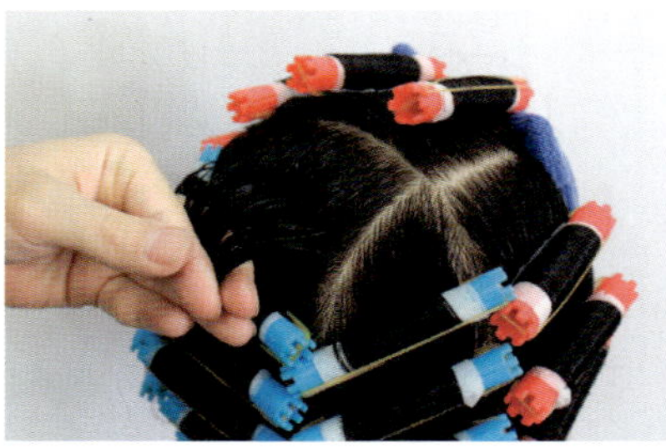

◀ 웨이브 테스트

12

중간 린스

모발에 남아 있는 환원제를 미온수로 헹구면 산화제의 작용이 원활하여 탄력 있는 웨이브 형성에 유리하다. 염색모, 다공성모, 손상모는 반드시 중간 린스를 한다.

브롬산염은 산에 강하고 알칼리에서는 약해지는데 중간 린스를 생략하면 모발에 남아 있는 환원제의 알칼리가 산화제의 기능을 방해한다. 과산화수소를 산화제로 사용하는 경우 중간 린스를 생략하면 모발 탈색과 손상 우려가 있다.

13

산화제 도포

테스트 컬을 한 후 컬이 형성되었다고 판단되면 중간 린스를 한 다음 산화제를 도포한다. 수건이나 헤어밴드를 헤어라인에 두르고 귀와 목덜미에 티슈를 이용하여 더 감싸준 다음 산화제가 흘러내리지 않도록 골고루 도포한다. 후두부에서부터 두정부 부분으로 도포하며 로드 하나하나에 용액이 퍼지도록 골고루 도포한다. 산화제를 도포하면 절단된 시스틴 결합이 재결합되어 웨이브가 고정된다. 산화제 도포 후 일정 시간이 지나면 재도포하여 산화력을 높여준다. 산화제가 충분하지 않으면 불완전 산화의 원인이 되어 탄력 있는 웨이브 형성이 어렵다.

원하는 웨이브보다 강하게 나온 경우에는 산화제를 도포한 다음 5~7분 정도 지난 후 로드를 풀고 원하는 웨이브의 형태로 만든 다음 산화제를 재도포해 준다. 산화제는 발열반응을 하므로 가온하거나 비닐캡을 씌우지 않는다.

14

로드 제거

산화제 방치 시간이 끝나면 와인딩된 로드를 제거한다. 와인딩된 각도와 웨이브 형태를 유지하면서 로드를 푼다. 긴 모발은 모발 끝까지 산화제가 묻지 않을 수도 있으므로 끝에서 산화제를 재도포한다.

▲ 로드아웃

15

펌 후 세정

두피와 모발이 자극되지 않도록 부드럽게 샴푸한다. 펌 후에는 산성샴푸와 산성린스를 사용한다. 산성제품은 모발을 등전점으로 되돌리고 팽윤 · 연화된 모발을 수축시켜 탄력을 주고 대전을 방지하며 건조함을 제거하여 빗질을 좋게 한다.

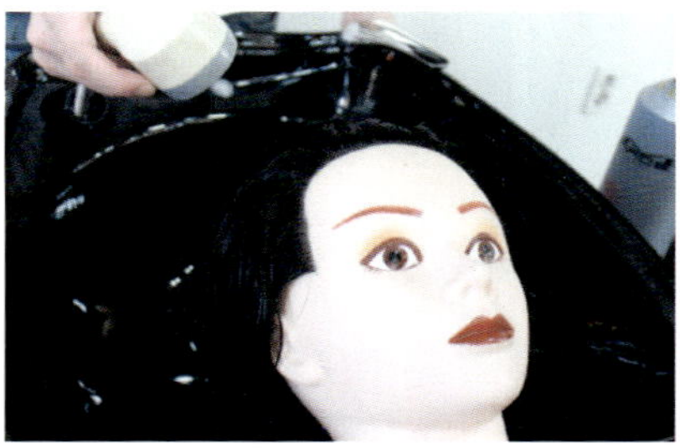

◀ 샴푸 시술

16

마무리

펌 후에는 트리트먼트제나 에센스 등의 제품을 사용하여 모발에 영양을 공급하고 부드럽고 광택 있는 머릿결을 만든다. 펌 스타일을 유지하기 위해 스타일링제를 사용할 수 있다. 스타일링제는 모발에 유분, 광택, 세팅력을 주어 원하는 웨이브 스타일을 만들기 쉽게 한다. 시술 직후의 모발은 손상되기 쉬우므로 시술 후 드라이에 주의한다.

PART 05

헤어 컬러

CHAPTER

01

염색 개요

1

염색의 정의

염색은 모발에 인공색소를 착색시켜 헤어컬러를 변화시키는 것으로 염색을 통해 백모 커버, 이미지 변화, 개성적인 자기 표현이 가능하다. 염색은 계산에 의한 염모제 선정과 일련의 시술 과정을 거쳐 완성되는 미용분야이다. 염색 시술 과정에서 화학약품을 적용하므로 두피나 모발에 크고 작은 데미지가 따를 수도 있다. 데미지를 최소화하면서 의도하는 염색 결과를 얻기 위해서는 두피· 모발· 색채· 염모제에 관한 지식, 고객의 외모나 개성을 고려하여 적합한 염색 스타일을 구사할 수 있는 감성, 이러한 지식과 감성을 염색 과정에 적용할 수 있는 염색 기술이 필요하다.

2

멜라닌

모발색을 결정하는 두 가지 멜라닌이 있다. 갈색이나 검은색을 띠는 유멜라닌(eu-melanin)과 노란색이나 빨간색을 띠는 페오멜라닌(pheo-melanin)이다. 동양인에게는 유멜라닌이 많고 서양인에게는 페오멜라닌이 많다. 유멜라닌이 크고 많은 사람일수록 모발색이 어둡다. 서양인은 페오멜라닌이 많아서 모발색이 밝다.

유멜라닌은 입자가 크지만 탈색이 쉽고 페오멜라닌은 입자가 작아도 탈색이 어렵다. 페오멜라닌이 유멜라닌보다 화학약품에 더 강하기 때문이다. 탈색 시 유멜라닌이 먼저 분해되어 검은색이나 갈색을 잃게 되고 페오멜라닌은 천천히 분해되므로 노란색을 쉽게 잃지 않는다.

3

멜라닌 합성

멜라닌은 멜라노사이트(melanocytes) 내의 소기관인 멜라노좀(melanosome)에서 생성된다. 모발색에 관여하는 멜라노사이트는 모모세포층에 있고 피부색에 관여하는 멜라노사이트는 표피층 가장 아래쪽의 기저층에 주로 분포한다.

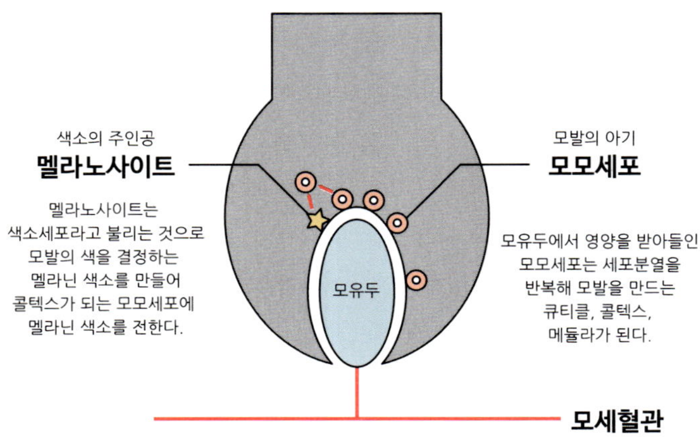

◀ 모발 색에 관여하는 멜라노사이트

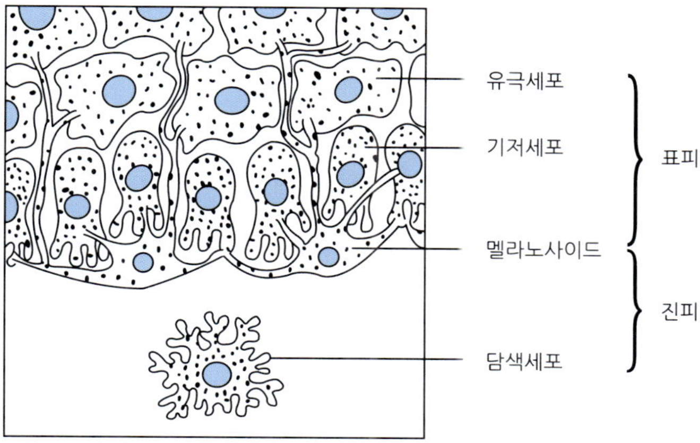

◀ 피부 색에 관여하는 멜라노사이트

멜라노사이트 내에서 아미노산의 일종인 티로신(tyrosine)은 복잡한 산화 · 중합과정을 거쳐 갈색, 흑갈색을 띠는 유멜라닌 또는 노란색, 붉은색을 띠는 페오멜라닌이 된다. 이 멜라닌들은 멜라노사이트의 수지상 돌기를 통해 모피질에 들어간 후 모발이 성장함에 따라 차츰 상부로 이동된다. 어떠한 원인에 의해 이와 같은 멜라닌 합성과정을 거치지 못한 모발은 멜라닌 색소가 없는 백발이 된다. 유멜라닌과 페오멜라닌 중 어느 멜라닌이 더 많이 만들어질 것인지는 유전인자에 의해 결정된다.

CHAPTER

02

염색의 종류

1

염모제의 성분별 종류

염모제의 성분에 따라 유성염색, 유기합성염색, 식물성염색, 금속성염색으로 분류한다. 이러한 분류방법은 염모제에 들어 있는 착색료가 안료와 염료 중 어디에 속하는가에 따른 것이며, 염료 중에서도 그 염료가 화학성분인지, 식물성분인지, 금속성분인지에 따라 나눈 것이다.

1 유성염색

염모제를 구성하는 착색료 성분은 크게 안료와 염료로 나눈다. 유성염색은 안료를 주성분으로 하는 유성염모제를 사용하는 염색이다. 안료는 물, 에탄올, 기름에 녹지 않아 결정 그대로 사용하는 색소이므로 모발 속으로 침투하지 못한다. 따라서 안료를 유지 또는 접착제에 혼합하여 컬러스프레이, 컬러무스, 컬러젤, 컬러스틱 따위의 제형으로 만들어 모발에 뿌리거나 칠한다. 유성염모제를 사용하면 모발에 다양한 색을 즉각적으로 입힐 수 있지만 샴푸하면 지워진다. 헤어쇼나 패션쇼 등에서 헤어컬러 연출이 필요할 때, 일시적으로 새치를 가릴 때 종종 유성염색이 활용된다.

2 유기합성염색

염료를 주성분으로 하는 유기합성염모제를 사용하는 염색이다. 염료는 물이나 기름에 녹아 모발 속으로 침투하고 모발 분자와 결합하여 염색된다. 유기합성염색은 그 성질에 따라 산성염색, 염기성염색, 산화염색으로 나눈다. 산성염색은 산성컬러, 헤어코팅, 헤어매니큐어, 왁싱컬러, 컬러트리트먼트 등의 이름으로 불리고 있다.

3 식물성염색

식물성염모제를 사용한다. 식물성염모제는 식물의 꽃이나 잎, 열매에서 추출한 염료를 주성분으로 한다. 대표적인 것으로 헤나(henna)가 있다. 천연 헤나는 색상이 붉은 색으로 단조롭고 모발에 피막을 입혀 펌제나 합성염모제의 침투를 방해하므로 미용실에서 제한적으로 사용된다.

4 금속성염색

구리, 코발트, 은 등의 염류를 주성분으로 하는 금속성염모제를 사용한다. 금속성염모제의 색상은 어두운 갈색과 검정색으로 제한된다. 금속성염모제를 사용하면 백모가 노란색 - 갈색 - 검정색으로 점차 변하는데 염색작용이 느리기 때문에 원하는 색이 될 때까지 매일 사용한다.

금속성염색은 모발에 피막을 입히고 모발 내에 금속성분이 축적된다. 금속성 염색을 한 모발에 화학약품을 사용하면 열이 발생하면서 모발 손상이 가속화된다.

2 염색 지속기간별 종류

모발에 착색된 인공색소의 잔류기간에 따라 일시적 염색(temporary hair coloring), 반영구적 염색(semi-permanent coloring), 영구적 염색(permanent coloring)으로 분류한다.

1 일시적 염색

유성염색이 일시적 염색이다. 컬러스프레이, 컬러무스, 컬러젤, 컬러스틱과 같은 재료는 모발 표면에만 염착되기 때문에 1회의 샴푸로 지워진다. 이러한 일회성 염모제들은 모발에 분사하거나 발라줌으로써 시술이 끝난다. 색상이 다양하여 패션쇼나 헤어쇼 등에서 모발색을 과감하게 표현할 때 사용하면 편리하다. 흰머리에 컬러 스틱을 칠하면 순식간에 흰머리를 커버할 수도 있다. 그러나 샴푸를 함과 동시에 흰머리가 드러나게 된다.

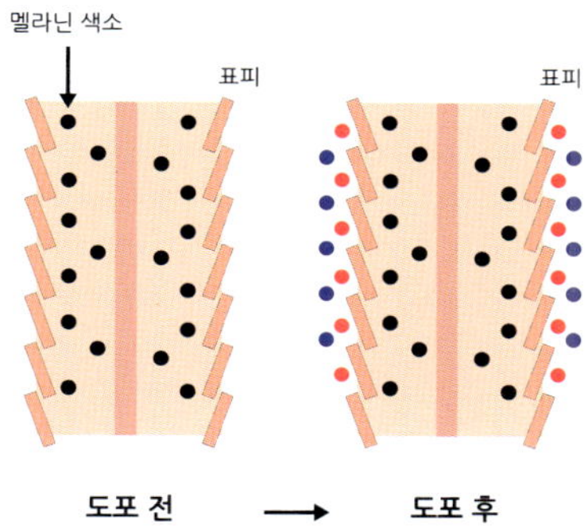

◀ 일시적 염색의 원리

2 반영구적 염색

반영구적 염색은 모발 상태, 샴푸 횟수 등에 따라 차이가 있으나 염색이 2~4주 또는 그 이상 유지되기도 한다. 산성염색과 염기성염색이 반영구적 염색에 속한다. 산성염료나 염기성염료는 입자가 커서 모발 깊숙이 침투하지 못한다. 특히 산성염색을 할 때는 염료의 침투력을 높이기 위해 염모제를 도포한 후 열기구를 사용해 가온한다.

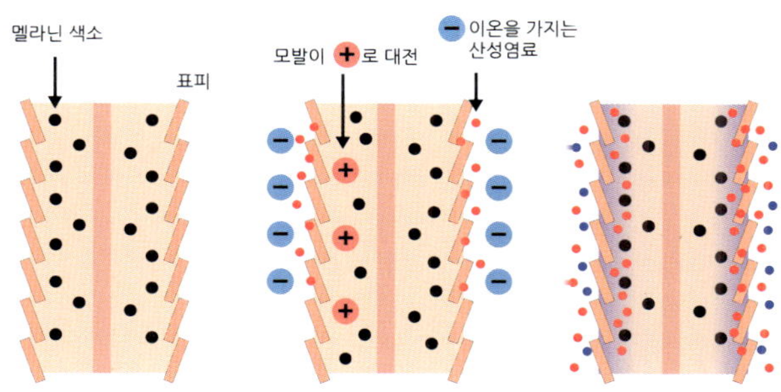

◀ 반영구적 염색의 원리

3 영구적 염색

산화염색이 영구적 염색에 속한다. 산화염색은 한 번의 염색만으로도 모발 본래의 색으로 되돌릴 수 없거나 염색 지속기간이 길다. 다공성의 탈색모에 파스텔톤으로 염색하는 등 모발 상태나 염색 조건에 따라 염색 지속기간이 짧은 경우도 있다.

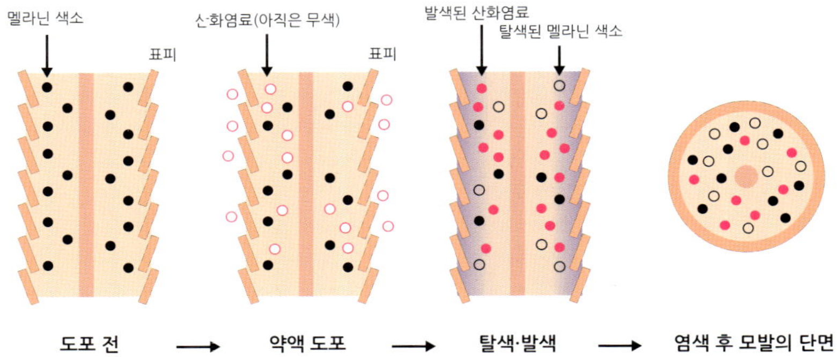

▲ 영구적 염색의 원리

CHAPTER

03

염모제 작용부위와 염색원리

염모제가 모발에 작용하는 부위는 염색 효과가 일시적인지, 반영구적인지, 영구적인지에 따라 다르다.

유성염모제의 작용부위　　산성염모제의 작용부위　　산화염모제의 작용부위

▲ 염모제의 작용 부위

1 염모제 작용부위

1 유성염모제의 작용 부위

유성염모제의 작용 부위는 모발의 큐티클 최외층에 국한된다. 컬러스프레이, 컬러무스, 컬러젤, 컬러스틱 등의 유성염모제는 색소가 커서 모발 내로 침투할 수 없기 때문이다. 컬러스프레이나 컬러무스는 고분자 수지의 접착력에 의해, 컬러젤은 수용성 폴리머의 접착력에 의해, 컬러스틱은 유지성분에 의해 모발 표면에 부착된다.

2 산성염모제 & 염기성 염모제의 작용 부위

산성염모제와 염기성염모제의 작용 부위는 다르다. 산성염모제는 모발보다 pH가 낮은 관계로 염모제가 모발에 닿자마자 헤어 큐티클이 수축되므로 침투제의 도움을 받더라도 모발 깊숙이 침투하기 어렵다. 그래서 산성염모제의 작용부위는 모발의 큐티클과 코텍스 내의 일부가 된다.

염기성 염료는 pH 8~9의 약알칼리성을 띠고 있어서 모발팽윤과 함께 색소가 모피질 내로 침투하여 모발의 수소결합에 염착된다. 다만 샴푸할 때마다 색소의 결합이 파괴되므로 서서히 퇴색현상이 일어난다.

3 산화염모제의 작용 부위

산화염모제의 작용 부위는 모발의 큐티클과 모발 내부 전체가 된다. 산화염모제에 포함된 저분자의 산화염료는 모발 내에 침트됨과 동시에 산화제와 반응하여 산화 · 중합됨으로써 불용성의 고분자 색소로 변하여 모발 내에 침착된다.

2 염색의 원리

1 유성염색

유성염모제의 주성분인 안료는 물이나 에탄올, 기름에 녹지 않기 때문에 수지(resin)에 혼합하여 모발에 바르거나 뿌리는 방식으로 사용한다. 수지에 혼합된 색소분자는 입자가 커서 모발 내부로 침투할 수 없고 다만 수지의 접착력으로 인하여 모표피에 일시적으로 붙어 있다가 세척하면 떨어져 나간다.

2 산성염색 & 염기성염색

산성염색과 염기성염색은 모두 이온결합에 의해 염색된다. 모발을 형성하는 아미노산은 산성기와 염기를 모두 가지고 있는 양성물질이기 때문에 산, 염기에 전부 반응하는 성질을 가지고 있다. 즉 모발 케라틴은 아미노기(–NH_2)와 카르복실기(–COOH)가 폴리펩티드 주사슬에서 염결합을 만들고 있어서 여기에 산성 또는 염기성 염료를 첨가하면 산성염료는 아미노기 부분에 결합하고 염기성 염료는 카르복실기 부분에 결합하여 각각 염착된다.

염기성 염료는 알칼리성 영역에서 염착이 쉬운 반면 산성염료는 산성 영역에서 이온결합이 더욱 활발하다. 산성염료로 염색할 때 모발을 약산성의 환경으로 만들어 주면 염색효과를 높일 수 있다. 산성 처리한 모발은 이온으로 하전하므로 이온을 가진 산성염료가 결합하기에 유리하기 때문이다.

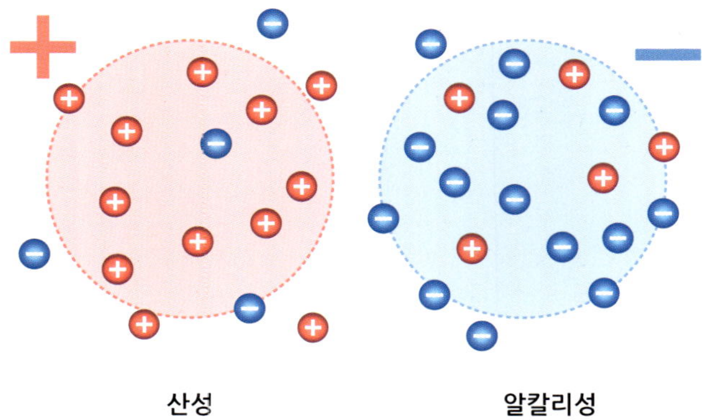

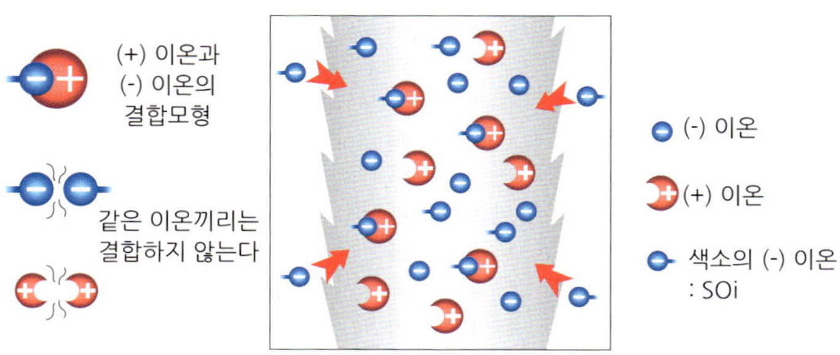

◀ 산성 & 염기성 염모제의 작용기전

3 산화염색

산화 염모제의 1제(산화염료 및 알칼리제)와 2제(산화제, 과산화수소)를 혼합하여 모발에 도포하면 염모제에 함유된 수분은 모발의 수소결합을 느슨하게 하고, 알칼리제(암모니아, 모노에탄올아민 등)는 모발의 염결합을 느슨하게 한다.

알칼리제에 의해 모발이 부드러워지고 팽윤됨에 따라 산화염료와 산화제(과산화수소)는 모발 내부 깊숙이 침투할 수 있게 된다. 침투한 과산화수소는 멜라닌을 분해하여 무색투명한 옥시멜라닌이 되게 한다. 동시에 무색이었던 산화염료는 과산화수소와 만나 산화 · 중합되면서 유색의 큰 입자가 된다. 입자가 커진 산화염료(색소)는 불용성이므로 여러 차례의 샴푸를 하더라도 쉽게 녹지 않으며 모발 안에 갇힌 격이 되어 장기간 모발 내에 머물 수 있다.

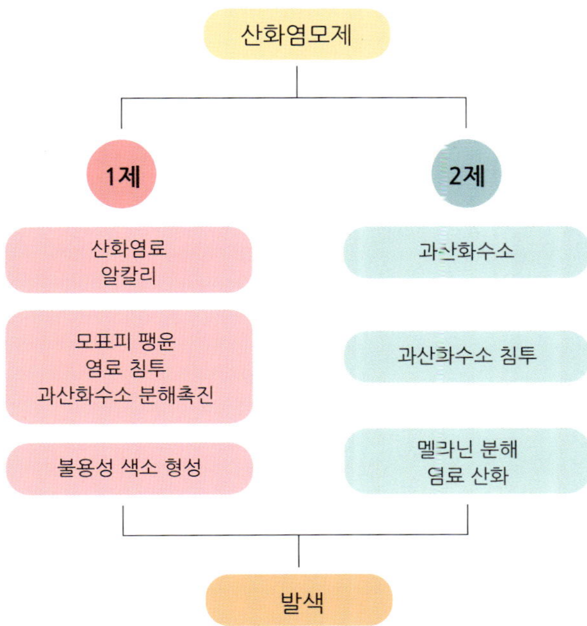

◀ 산화염모제의 작용기전

CHAPTER

04

탈색

모발의 멜라닌 색소를 분해하여 색을 잃게 하는 것을 탈색이라고 한다. 1회의 산화염색으로 낮은 레벨의 어두운 모발을 높은 레벨의 밝은 색으로 염색하기는 어렵다. 그러나 탈색 과정을 거쳐 모발 바탕색이 옅어진 후에는 다양한 색을 표현할 수 있다. 단, 탈색시간이 길고 탈색 횟수가 많을수록, 탈색시간이 길수록 모발 손상이 커진다.

1

탈색제의 형태

국내 시중에서 일반적으로 사용하는 탈색제에는 분말 타입과 크림 타입이 있다.

크림 탈색제를 사용하면 전체 탈색은 물론 새로 자라난 신생 부위를 이미 탈색된 모발과 같은 명도로 만들 때 편리하다. 탈색제에는 컨디셔너가 함유되어 있어 모발과 두피에 자극이 적고 천천히 탈색되기 때문에 초보자도 쉽게 사용할 수 있다. 크림탈색제도 산화염모제와 마찬가지로 1제와 2제를 섞어서 사용한다.

분말탈색제도 크림탈색제처럼 1제와 2제를 섞어서 사용하는 점은 같으나 분말탈색제의 1제에는 산소방출 촉진제(과황산암모늄, 과황산칼륨 등 과황산염류)가 들어 있어 탈색작용이 매우 빠른 반면 모발 손상이 크다. 탈색제가 두피에 묻은 상태로 방치할 경우 두피염증 및 화학적 화상을 입을 수 있다. 탈색제에 모발 영양제를 섞어서 사용하면 탈색속도는 다소 느려지지만 모발 손상을 줄일 수 있다.

2

탈색제의 작용

탈색은 모발 내에 존재하는 멜라닌 색소 또는 인공색소를 분해하여 모발 색을 낮은 명도에서 높은 명도로, 짙은 색에서 옅은 색으로 만든다.

과거에는 모발에 탈색제를 발라두면 탈색제에 검은 색소가 묻어나지도 않으면서 어두웠던 모발색이 밝아졌기 때문에 탈색된 모발의 본래 색이 어디로 없어졌는지에 대한 의문을 가졌으나 이는 다름 아닌 탈색제의 산화분해 작용에 의해 모발 내의 멜라닌이 색을 잃은 옥시멜라닌으로 변하여 우리 눈으로 인식할 수 없게 된 것이다.

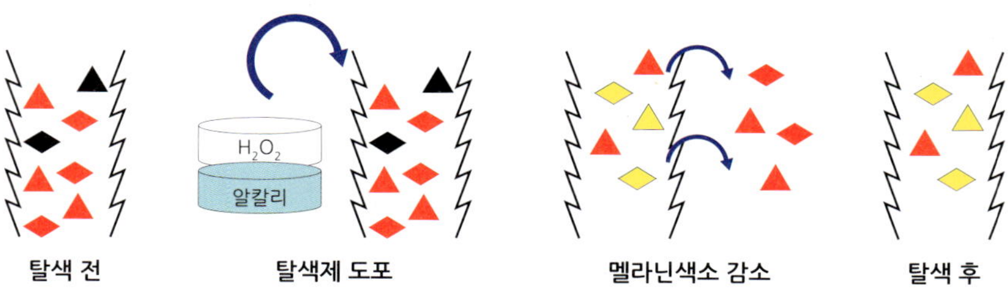

▲ 탈색제의 작용

3

탈색의 단계

탈색은 탈색 자체만으로도 모발 색조를 빛나고 밝게 만들 수 있으며 고객이 매우 밝은 색으로 염색하기를 원할 경우에는 염색 전에 탈색을 먼저 할 수 있다.

탈색이 진행되는 동안 모발색은 10단계의 변화 과정을 거치면서 점차적으로 붉은 계열, 오렌지 계열, 노란 계열의 색을 나타내는데 이는, 모발 안에 자연적으로 함유되어 있던 색이 드러나는 것이다.

탈색 후 남아 있는 자연색소는 인공색소를 첨가하여 새로운 색으로 염색할 때 염색 결과에 영향을 미치므로(기여하므로) 기여색소라고 부른다.

◀ 모발탈색에 따른 기여색소 (언더컬러)

아주 밝은 금빛으로 염색할 때에는 8~9레벨 정도의 명도로 사전 탈색을 하는 것이 효과적이다.

오렌지빛으로 염색하려는 고객은 6~7레벨의 모발에 염색하면 모발색의 둔탁함이 없이 본래의 오렌지빛을 오래 지속시킬 수 있다.

붉은 색조로 염색하려는 고객은 너무 밝은 모발보다는 5~6레벨의 모발에 염색하는 것이 붉은 색조 표현에 효과적이다.

에쉬빛(잿빛)으로 염색하려는 고객은 창백한 금색으로 특별히 밝게 탈색할 필요가 있으며 황색이 적은 모발일수록 잿빛이 잘 나타난다.

황색이 남아있는 모발을 잿빛으로 염색하는 경우 초록빛으로 변하는 것을 막기 위해 푸른빛이 도는 잿빛에 소량의 보라색을 첨가한 염모제를 사용한다.

4

탈색 방법

1 자연모발의 탈색

- 2cm 이하의 짧은 모발은 모근 쪽을 띄우지 않고 모발 전체를 한 번에 바른다.
- 길이가 긴 모발은 2회에 나누어 바른다. 먼저 모근 쪽을 1cm 띄운 나머지 모발에 탈색제를 바른 후 희망하는 명도의 절반쯤 밝아졌을 때 모근 쪽의 모발에 바른다.

2 재탈색(retouch)

탈색한 후 한 달 정도 지나면 새로 자란 모발로 인해 기염부와 신생부의 밝기가 달라진다. 밝게 탈색한 모발일수록 기염부와 신생부의 차이는 확연하다. 이때 신생부를 기염부와 같은 밝기로 만들기 위해 탈색하는 것을 '재탈색'이라고 한다. 또 기존에 탈색했던 모발의 색을 보다 밝게 하거나 얼룩진 부위를 수정하기 위해 다시 탈색하는 것도 재탈색에 속한다.

- 새로 자란 모발이 2~3cm 이하인 경우에는 모근 쪽을 띄우지 않고 신생부를 한 번에 바른 후 모근쪽이 완성될 즈음에 기염부와 연결한다.
- 새로 자란 모발이 긴 경우에는 먼저 모근 쪽을 1cm 남기고 신생부에 바른 후 희망하는 명도의 절반쯤 밝아졌을 때 남겨든 신생부에 바른다. 신생부가 완성될 즈음에 마지막으로 기염부와 연결한다.
- 얼룩진 부위를 수정할 때는 얼룩진 부위에만 탈색제를 바른다.

3 샴푸 블리치

샴푸 블리치는 탈색분말, 과산화수소수, 미온수, 샴푸제를 함께 배합하여 사용하기 때문에 붙여진 이름이다. 주로 이 재료들을 동량으로 배합하여 사용하지만 임의로 배합을 조절할 수 있다. 샴푸 블리치는 탈색분말과 과산화수소수만 배합하는 방법보다 탈색속도가 느리고 탈색력이 약하나 모발손상도는 적다.

- 2cm 이하의 짧은 모발은 모근 쪽을 띄우지 않고 모발 전체를 한 번에 바른다.
- 길이가 긴 모발은 2회에 나누어 바른다. 먼저 모근 쪽을 1cm 띄운 나머지 모발에 탈색제를 바른 후 희망하는 명도의 절반쯤 밝아졌을 때 고근 쪽의 모발에 바른다.

4 클리닉 블리치

클리닉 블리치는 탈색제에 트리트먼트 성분이 배합되어 있지 않은 것에 착안해 고안된 것으로 탈색분말, 과산화수소수, 모발영양제(PPT, LPP, 세라마이드 등)를 함께 배합하여 사용한다. 이 재료들을 동량으로 사용하거나 임의로 조절하여 사용한다.

클리닉 블리치는 탈색분말과 과산화수소수만 배합하는 방법보다 탈색 속도가 느리고 탈색력이 약하나 모발을 트리트먼트하는 효과가 있어 모발손상도가 매우 적은 장점이 있다.

- 2cm 이하의 짧은 모발은 모근 쪽을 띄우지 않고 모발 전체를 한 번에 바른다.
- 길이가 긴 모발은 2회에 나누어 바른다. 먼저 모근 쪽을 1cm 띄운 나머지 모발에 탈색제를 바른 후 희망하는 명도의 절반쯤 밝아졌을 때 모근 쪽의 모발에 바른다.

5

탈색 시 기본 준수사항

- 탈색하기 전에 두피와 모발 상태를 확인한다.
- 두피에 피부염이나 상처가 있는 사람에게는 탈색시술을 삼간다.
- 탈색 스타일 상담 시 고객에게 컬러 차트, 스타일북 등을 제공한다.
- 탈색시술에 앞서 두피의 천연 피지를 남기기 위해 샴푸를 생략하되 유분이 많은 제품을 사용한 모발은 두피에 자극이 가지 않는 범위 내에서 가볍게 샴푸한다.
- 고객에게는 가운과 어깨보를 착용시켜 의복을 보호한다.
- 시술자는 고무장갑을 착용하여 손을 보호한다.
- 탈색제의 1제와 2제는 모발에 바르기 직전에 배합하되 금속용기의 사용을 피한다.
- 탈색제가 공기 중에 노출되면 자연 분해되어 탈색작용이 약해지므로 제품의 용기 뚜껑을 꼭 닫는다.
- 두피 가까이의 모발은 열에 의해 빠르게 탈색되므로 두피에서 1cm 띄워서 탈색제를 바른 다음 원하는 밝기의 70% 정도 밝아졌을 때 두피 가까이의 모발을 탈색한다.
- 탈색제를 도포할 때는 스트랜드의 윗부분과 아랫부분을 골고루 신속하게 바른다.
- 탈색제 도포를 마친 후에도 고르게 도포되었는지 체크해 본다.
- 탈색제 도포 후 방치 시간을 길게 둔다면 탈색제가 마르지 않도록 비닐캡을 사용한다.

- 분말탈색제는 탈색 진행 속도가 빠르기 때문에 자칫 원하는 밝기보다 더 밝아지기 쉬우므로 탈색 진행 정도를 자주 확인한다.
- 일정시간이 지나면 소량의 모발을 취하여 탈색제를 닦아낸 후 밝기를 확인한다.
- 탈색제를 도포한 후 40~50분이 지나면 멜라닌색소를 분해하는 작용은 멈추는 반면 탈색제에 함유된 알칼리로 인해 모발 손상은 계속 진행되므로 모발이 원하는 만큼 밝아지지 않았다면 탈색제를 제거한 후 새로 혼합한 탈색제를 바른다.
- 원하는 밝기가 되었으면 세정한 후 pH 밸런스 또는 산성린스를 골고루 도포하여 모발을 약산성으로 되돌린다.
- 탈색 직후에는 모발이 민감한 상태이므로 헹굼 후 찬바람으로 말린다. 열기계를 사용해 스타일링을 할 경우에는 열로부터 모발을 보호할 수 있는 제품을 쓰고 강한 열 사용을 자제한다.
- 고객카드를 작성해 두었다가 다음 시술 시 참고한다.
- 1제와 2제를 배합한 탈색제는 30분이 지나면 탈색작용이 현저히 약해지고 1시간 이내에 탈색력이 없어지므로 사용 후 남은 탈색제는 휴지에 싸서 쓰레기통에 버린다.
- 탈색제는 직사일광이 없는 서늘한 장소에 보관한다.

CHAPTER

05

염색 시술의 이해

1

염모제의 번호체계(Numbering System)

멜라닌 색소의 종류와 양에 따라서 모발색이 다르듯이 염모제도 염료, 알칼리, 산화제의 종류와 양에 따라서 표현되는 명도와 반사색이 다르다.

명도										
색소량	10	9	8	7	6	5	4	3	2	1

◀ 염모제의 번호와 명도의 관계

염색전문가들은 숫자 또는 영어 약자로 표시 한 염모제의 명도와 반사색으로 의사소통을 한다.

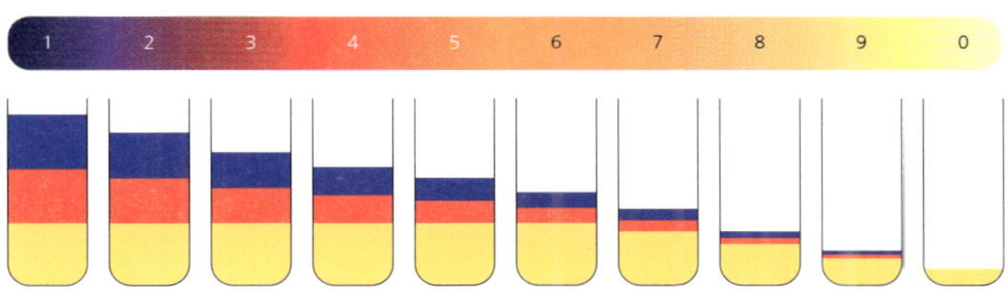

◀ 염모제의 번호와 색소량의 관계

1 명도

염모제의 명도는 산화염모제의 번호체계에서 앞쪽에 표기한다. 예를 들어 검정색은 1.0 또는 1/0으로, 갈색은 4.0 또는 4/0으로 표기한다. 일반적으로는 1레벨이 가장 어둡고 숫자가 높을수록 밝다. 동일한 레벨의 명도를 가진 염모제일지라도 염색 후 나타낼 수 있는 밝기가 조금씩 다르므로 염색 시 제조회사의 컬러차트를 참고하거나 염색 전 헤어피스에 미리 염색해보는 것이 좋다.

자연모발의 명도를 간단하게 측정하는 방법은 깨끗하고 건조한 상태의 모발을 손바닥 위에 얹은 다음 모발 사이로 관찰하면서 레벨스케일과 비교해보거나 레벨스케일을 모발 가까이에 두고 가장 근접한 명도를 찾는 것이다.

자연모발의 밝기를 1~10레벨로 구분한다면 동양인의 모발은 2~5레벨에 속하며 굵고 뻣뻣한 모발일수록 어둡고 가늘고 부드러운 모발일수록 밝다. 서양인의 모발은 6~8레벨에 속하며 동양인에 비해 모발명도가 밝다.

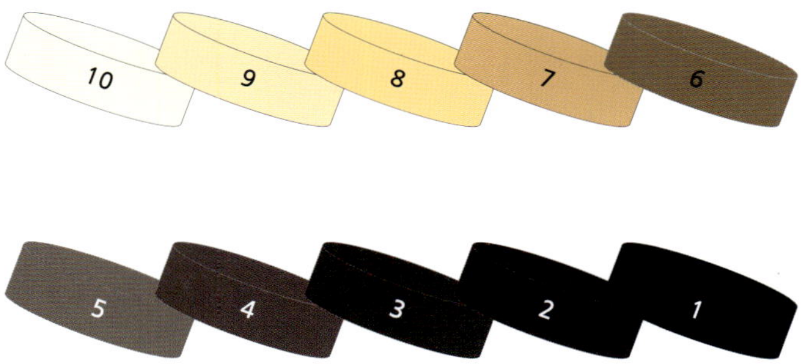

◀ 자연모 레벨

2 반사색

반사된 빛에 의해 우리가 볼 수 있는 색을 반사색이라고 한다. 반사색은 명도를 나타내는 번호 뒤에 숫자 또는 알파벳의 약자로 표기한다.

명도는 한 개의 숫자로 표기되는 반면 반사색은 염모제에 포함된 색소에 따라 1~2개의 숫자 또는 알파벳의 약자로 표기한다. 염모제의 명도 뒤에 적힌 첫 번째 숫자는 주반사색 또는 1차반사색이라고 하며, 두 번째 숫자는 보조반사색 또는 2차반사색이라고 한다.

염모제에는 1차반사색 염료가 2차반사색 염료보다 함량이 많지만 염색하면 2차반사색이 먼저 보이다가 우선적으로 퇴색한다. 2차반사색이 사라진 후에도 1차반사색은 남아서 점진적으로 퇴색한다. 1차반사색마저 사라지고 나면 모발에는 명도만 남는다.

염모제의 반사색을 읽을 때는 일반적으로 2차반사색을 먼저, 1차반사색을 나중에 읽지만 제조회사에 따라 순서를 바꾸어 읽거나 별도로 만든 이름을 읽기도 한다.

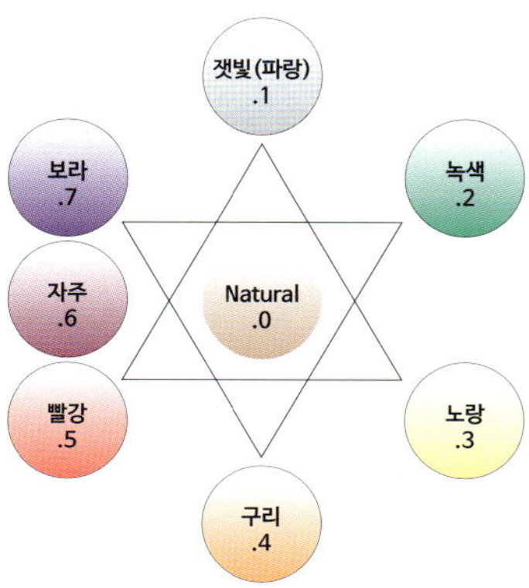

황금 구리빛 밝은 갈색	밝은 자주 구리빛 황갈색	짙은 오렌지색
5.34	8.46	7.34
5 : 명도 3 : 1차 반사색 4 : 2차 반사색	8 : 명도 4 : 1차 반사색 6 : 2차 반사색	7 : 명도 3 : 1차 반사색 4 : 2차 반사색
1차 반사색을 먼저 읽는 예	2차 반사색을 먼저 읽는 예	순서와 관계없는 이름의 예

▲ 반사색을 읽는 예

2 산화 염색의 절차

> 상담 및 염모제 선정 – 패치테스트 – 고객 준비 – 염모제 혼합 – 블로킹 – 염모제 도포 – 방치 시간 – 컬러테스트 – 유화 – 샴푸 – 스타일링 – 후처리

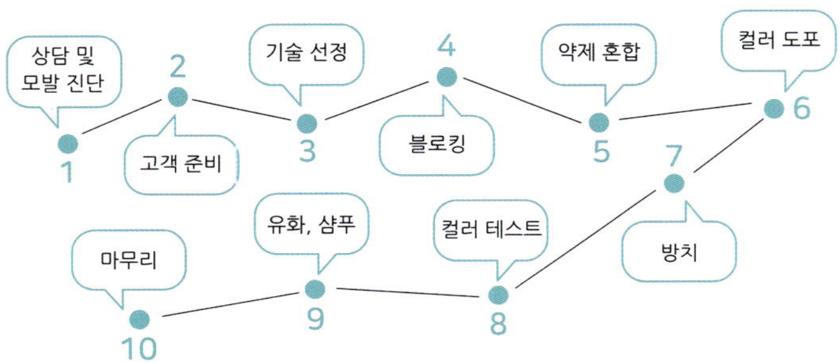

◀ 산화 염색의 절차

1 상담 및 염모제 선정

- 상담 과정에서 고객의 두피와 모발 상태, 외모와 피부색, 취향과 희망색 등을 분석한다. 고객과 디자이너의 원활한 의사소통을 위해 컬러 차트, 스타일북, 거울 등을 함께 보면서 상담한다.
- 염색을 통해 원했던 색을 반드시 얻을 수 있는 것은 아니다. 모발상태나 기여색소에 따라 결과 색에 차이가 있음을 고객에게 알린다.

2 패치테스트

아닐린유도체 성분이 포함된 염모제를 사용하면 고객의 체질에 따라 알레르기 반응이 나타날 수 있다. 아닐린염료를 사용하기 전에 접촉성 피부염 또는 알레르기

반응 유무를 검사하는 패치테스트를 해야 한다. 어떤 고객은 아닐린 염료에 즉각적으로 반응하고, 어떤 고객은 장기간 사용하다가 어느 시점에 반응할 수 있다.

패치테스트는 최고 48시간이 소요되기 때문에 염색 당일보다는 고객이 커트나 펌을 위해 방문했을 때 미리 해두는 것이 좋다. 추후 염색계획이 있는 고객에게 테스트용 샘플을 제공하여 집에서 셀프테스트를 해두는 방법도 있다.

테스트 방법은 다음과 같다.

- 염모제 1제와 2제를 정해진 비율로 소량 혼합한다.
- 팔 안쪽이나 귀 뒤쪽에 동전크기로 바르고 자연 건조시킨다.
- 48시간 자연방치 후 시험 부위의 반응을 관찰한다.
- 홍반, 부어오름, 가려움, 수포, 피부염증 등의 양성반응이 있으면 아닐린 염료를 사용하지 않는다.

3 고객 준비

가운으로 고객의 의복을 보호하고 염색보를 씌운다. 이어 캡을 씌우고 염모제가 묻을 수 있는 헤어라인 주변에 피부보호용 크림을 바른다.

4 염모제 혼합

산화염모제 1제와 2제의 혼합비율은 제조회사에서 정한 기준을 참고하고, 도포하기 직전에 혼합하되 금속용기를 사용하지 않는다. 염모제는 공기 중에 노출되면 자연 분해되어 염색작용이 약해지므로 사용 후 즉시 뚜껑을 닫는다.

5 블로킹 & 슬라이스

일반적으로 정중선(center part)과 측수직선(ear to ear line)을 나눈다. 슬라이스는 수평, 수직, 사선을 활용한다.

6 염모제 도포

일반적으로 두피체온이 낮은 후두부에서 시작하여 측두부, 두정부순으로 바른다. 백모염색의 경우 백모가 많은 부위 또는 앞쪽부터 바른다. 염모제를 스트랜드의 윗부분과 아랫부분에 골고루 신속하게 바른다. 염모제 도포를 마친 후에는 고르게 도포되었는지 체크하고 보완한다.

톤업 염색

① 버진헤어 염색

2~3cm 이하의 짧은 모발은 모근 쪽을 띄우지 않고 모발 전체를 한 번에 바른다.

길이가 긴 모발은 2회에 나누어 바른다. 먼저 모근 쪽 1cm를 띄운 나머지 모발에 바른 후 희망하는 명도의 절반 이상 밝아졌을 때 두피 쪽 모발에 바른다.

② 재염색

새로 자란 모발이 짧은 경우(2~3cm 이하) 모근 쪽을 띄우지 않고 신생부를 한 번에 바른다. 모근 쪽 염색이 완성될 즈음에 남은 염모제에 미온수를 혼합하여 기염부에도 발라서 색을 연결한다.

새로 자란 모발이 긴 경우에는 먼저 모근 쪽 1cm를 띄운 나머지 신생부에 바른 후 희망하는 명도의 절반 정도 밝아졌을 때 남겨둔 신생부에 바른다. 신생부 염색이 완성될 즈음에 남은 염모제에 미온수를 혼합하여 기염부에 발라 색을 연결한다.

톤다운 염색

톤다운 염색은 두피체온에 의해 모근 쪽 모발이 더 밝아질 염려가 없다. 모근 쪽 1cm를 띄우지 않고 전체를 한 번에 바른다. 다공성의 너무 밝은 모발 부위는 기본색(베이스컬러)에 미온수를 혼합하여 얇게 바른 다음 희망색과 3% 산화제를 혼합하여 모발 전체에 바른다.

백모 염색

백모를 커버하기 위한 염색은 백모가 많은 부위부터 바르면 된다. 백모를 자연 모발색으로 처음 염색하는 경우 모발 길이에 관계없이 한 번에 바른다.

백모가 자라나서 재염색을 하는 경우는 자라난 모발에만 한 번에 바른다. 기염부가 퇴색된 경우는 신생부 염색이 끝날 즈음에 남은 염모제에 미온수를 혼합하여 기염부에도 발라 색을 연결한다.

7 방치 시간

염모제 도포 후 방치 시간은 모발의 굵기나 손상도, 실내온도 등에 따라 조절한다. 같은 염모제를 사용하더라도 굵고 건강한 모발이 가늘고 손상된 모발보다 느리게 염색된다.

염색할 때 가온하면 모발 팽윤과 멜라닌 분해가 빨라져 탈색은 쉽게 되지만 무색의 작은 색소가 산화 · 중합작용을 거쳐 불용성의 색소로 되기 위해서는 일정한 시간이 필요하다. 타이머를 맞추어 오버타임을 방지한다.

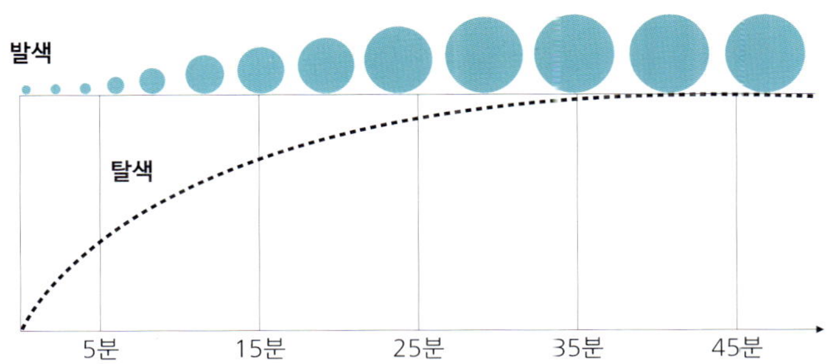

◀ 염모제 작용 시간에 따른 탈색과 발색정도

8 컬러테스트

염모제 도포 후 25~30분이 지나면 염색된 정도를 확인한다. 염모제를 처음 바른 모발과 마지막에 바른 모발을 소량 취하여 깨끗이 닦은 후 관찰한다. 염색된 정도가 불충분할 때는 방치 시간을 연장한다. 염모제가 부족한 부분에는 염모제를 덧바른다.

9 유화

유화는 방치 시간이 끝났을 때 모발에 pH 밸런스 제품을 뿌려 더 이상의 모발 팽윤을 방지하고 두피의 얼룩 제거 및 염색소의 고른 착색을 유도하는 것이다. 1~3분 동안 두피와 모발 전체를 부드럽게 마사지한다.

10 샴푸

산성샴푸를 사용하고 미온수로 헹군다. 염모제를 제거한 후 산성린스를 한다. 염색 직후에는 모발이 민감한 상태이므로 찬바람으로 말린다.

11 마무리

열 기구보다는 에센스 등의 모발제품을 사용하여 스타일링한다. 열 기구 사용이 필요하면 열로부터 모발을 보호할 수 있는 제품을 사용한다. 고객카드를 작성하여 고객의 다음번 염색 시 참고한다.

3 산성 염색의 절차

헤어코팅, 헤어매니큐어, 왁싱컬러, 컬러트리트먼트 등으로 불리는 산성염색은 알레르기 반응을 일으킬 염려가 없기 때문에 패치테스트를 생략한다. 모발 손상이 거의 없기 때문에 퍼머 직후에도 시술이 가능하다. 대신 어두운 모발에는 색 표현이 어렵다. 선명한 색을 염색하려면 먼저 탈색 과정을 거쳐야 한다. 피부에 묻는 즉시 염색되고 잘 지워지지 않으므로 염모제를 바를 때 각별한 주의가 필요하다.

상담과 색상 선정 – 고객준비 – 블로킹 – 염모제 도포 – 방치 시간 – 컬러테스트 – 샴푸 – 후처리

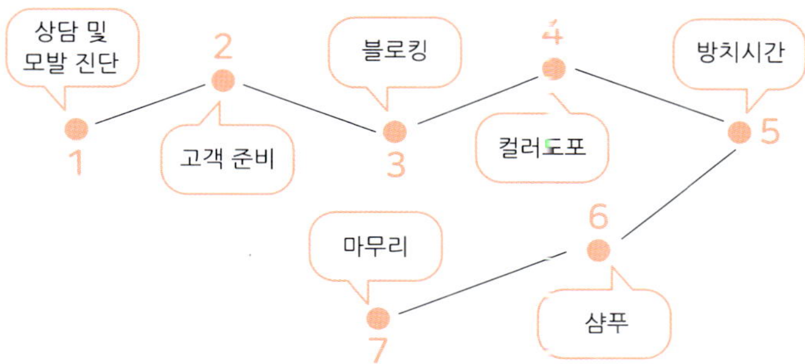

◀산성염색의 절차

1 상담 및 색상 선정

고객의 희망색과 디자이너로서의 권장색 등의 정보를 교환한다. 이때 고객의 생각이나 의견이 무엇보다 중요하게 존중되어야 한다. 고객이 희망하는 스타일로 염색 가능한지를 검토한다. 고객이 희망하는 바를 수용할 수 없을 때는 그 이유를 알기 쉽게 설명하고 고객과 합의하여 염색계획을 수정한다.

2 고객 준비

- 가운과 염색보를 사용하여 고객의 의복을 보호한다.
- 산성 샴푸로 모발을 깨끗이 세정한다.
- 이어 캡을 씌우고 목둘레에 티슈 또는 넥 커버를 두른다.
- 헤어라인과 귀 주변에 피부보호용 크림을 바른다.
- 모발에 pH 밸런스를 사용하여 산성 상태로 조절한다.

3 블로킹

일반적으로 정중선(center part)과 측수직선(ear to ear line)을 나눈다. 블로킹은 시술상의 편의를 위한 것이며 짧은 모발의 경우 블로킹을 생략할 수 있다.

4 염모제 도포

- 산성염색은 바르는 순서를 제한하지 않으나 일반적으로는 네이프 라인부터 약 2cm 폭으로 섹션을 나누면서 모근 쪽부터 끝까지 한 번에 바른다. 백모염색 시에는 백모가 많은 부위부터 바른다.
- 산성 염모제는 피부에 묻을 경우 잘 지워지지 않으므로 모발에만 묻을 수 있도록 주의하여 바른 후 염료가 잘 침투될 수 있도록 가볍게 문지른다.

5 방치 시간

- 산성염모제 도포 후 방치 시간에는 비닐 캡을 사용하지 않는 편이 모발에 코팅효과를 높일 수 있다.
- 염착효과를 높이기 위해 모발 상태에 따라 10~20분간 가온한다.

6 컬러테스트

염색된 정도를 확인하기 위해 소량의 모발을 깨끗이 닦은 후 색상을 관찰한다. 염착된 정도가 불충분할 때는 방치 시간을 늘린다. 염모제가 부족한 부분에는 염모제를 덧바른다. 원하는 색상이 나왔으면 쿨스프레이나 냉타월을 이용하여 냉각시킨 상태에서 10분간 방치한다.

7 샴푸

산성 샴푸를 사용하여 염모제를 제거한 후 산성린스를 한다.

8 마무리

에센스 등을 사용하여 스타일링한다. 고객카드를 작성하여 고객의 다음번 염색 시 참고한다.

4 염색 시 주의사항

- 염모제 알레르기, 피부염, 두피 상처가 있으면 염색 시술을 삼간다.
- 산화염색 시 천연 피지를 남기기 위해 샴푸를 생략한다.
- 염색 전 샴푸할 경우 두피에 자극을 주지 않는다.
- 고객의 헤어라인에 피부보호용 크림을 바른다.
- 시술자는 고무장갑을 착용하여 손을 보호한다.
- 염모제 사용 후 즉시 뚜껑을 닫아 공기 접촉을 줄인다.
- 피부나 의복 등에 염모제가 묻은 경우 즉시 지운다.
- 사용 후 남은 염모제는 휴지에 싸서 쓰레기통에 버린다.

PART 06

블로우 드라이

CHAPTER

01

블로우 드라이 개요

1

블로우 드라이의 개념

블로우 드라이(Blow Dry)의 사전적 의미를 살펴보면 Blow는 '바람이 불다', Dry는 '건조한', '물기나 습기가 없는'의 의미가 있다. 미용에서의 Blow Dry는 바람을 이용해 모발을 건조시키는 것을 포함하여 모류의 방향과 볼륨감을 조절하고, 모발을 스트레이트로 펴거나 웨이브를 만드는 행위를 의미한다.

블로우 드라이는 모류 보정, 볼륨 조절, 웨이브 형성 등이 용이하고 거친 머릿결을 윤기 있게 연출할 수 있다. 시술결과가 자연스럽고 특별한 때와 장소, 의상, 개성에 따른 스타일을 연출할 수 있다. 블로우 드라이는 일회의 샴푸만으로 드라이의 효과가 사라지는 일시적 스타일링이다.

2

블로우 드라이의 원리

블로우 드라이는 모발이 물에 젖으면 측쇄결합인 수소결합이 끊어지고, 건조하면 다시 결합되는 원리를 이용하여 모발을 스트레이트 또는 웨이브 형태로 만든다.

수소결합은 산소(O), 질소(N), 불소(F), 염소(Cl) 등 전기음성도가 강한 원자 사이에 수소원자가 들어갈 때 생기는 것으로, X - H···Y와 같이 표시된다. 즉 분자 내의 수소원소가 타 분자의 산소나 질소에게 끌리는 친화력을 의미한다.

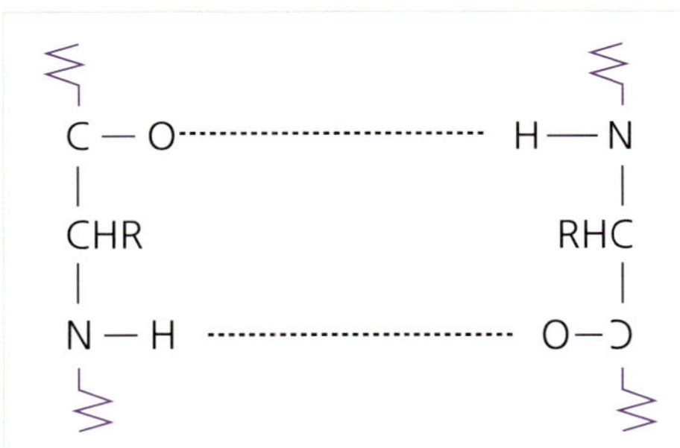

◀ 수소결합

수분에 의해 수소결합이 끊어진 모발을 스트레이트 형태로 펴서 건조시키면 끊어졌던 수소결합이 재결합되어 스트레이트 스타일이 된다. 물에 젖은 모발을 브러시에 감아 건조시키면 끊어졌던 수소결합이 재결합되어 웨이브 스타일이 만들어진다.

이렇게 만들어진 스트레이트 또는 웨이브 형태는 수분과의 접촉으로 그 형태를 잃게 된다.

3

블로우 드라이어의 각부 명칭

- 노즐(nozzle) : 온풍 또는 냉풍이 나오는 출구
- 바디(body) : 드라이어의 노즐이 있는 몸통 부위
- 팬(fan) : 프로펠러
- 모터(motor) : 팬을 작동시키는 원동기
- 니크롬선(nichrome wire) : 발열기, 전열 재료
- 핸들(handle, grip) : 드라이어의 손잡이
- 컨트롤러(controller) : 열풍, 온풍, 냉풍을 조절하는 장치
- 디퓨저(diffuser) : 작은 구멍이 여러 개 있는 원통형의 노즐

④

블로우 드라이 기본 공정

① 드라이어, 브러시, 모발 보호제품을 준비한다.

② 열로부터 모발을 보호하고 드라이 효과를 높일 수 있는 제품을 모발에 적용한다.

③ 핸드 드라이를 하면서 모발의 수분량을 조절하고 원하는 스타일로 모발의 흐름을 유도한다.

④ 열과 바람을 조절하면서 희망하는 스타일로 모발을 브러싱하며 시술한다.

⑤ 헤어스프레이, 왁스 등의 후처리 제품을 사용하여 스타일링을 마무리한다.

5

블로우 드라이에 필요한 용구 및 제품

1 용구

① 블로우 드라이어(blow dryer)

드라이어는 가볍고 모터 소리가 작으며 컨트롤러(controller, 바람의 세기를 조절하는 장치)의 조작이 쉬운 것으로 선택한다.

드라이어 내부에는 팬과 팬을 작동시키는 모터, 열을 발생하는 니크롬선이 있다. 팬의 회전에 의해 생긴 바람이 니크롬선에 의해 가열된 후 출구로 나오게 된다. 이때 컨트롤러를 작동함에 따라 열풍 온풍, 냉풍으로 조절된다. 드라이어를 떨어뜨리지 않도록 주의하고 필터에 낀 먼지나 이물질을 제거하여 관리한다.

② 디퓨저(diffuser)

디퓨저는 드라이어 본체에 있는 작은 노즐 대신에 끼워서 사용하는 원통형의 노즐이다. 디퓨저를 끼워서 사용하면 부드럽고 자연스러운 바람이 나오기 때문에 헤어 웨이브나 컬을 유지하면서 말릴 수 있다.

③ 롤 브러시(roll brush)

- 돈모
  - 빗살 간격이 조밀하기 때문에 모발을 섬세하게 브러싱할 수 있고 텐션을 가하기 쉽다.
  - 스트레이트로 매끈하게 펴거나 강한 컬을 만들 때 편리하며 완성된 스타일은 윤기와 정교함이 있다.
  - 펌을 한 모발이나 결이 거친 모발도 잘 엉키지 않으므로 롱 헤어 스타일링에도 적합하다.

- 나일론
  - 빗살 간격이 넓어 한꺼번에 많은 모량을 브러싱할 수 있어 시술시간이 단축된다. 일차적으로 드라이를 끝낸 후 마무리 차원에서 나일론 브러시로 전체 두상 또는 부분적으로 브러싱하면서 볼륨을 조절하거나 머릿결을 정리할 때 사용하면 편리하다.
  - 롱 헤어에 강한 웨이브를 만들거나 웨이브가 강한 모발을 매끈하게 펼 때는 브러시에 모발이 엉키기 쉬워 부적합하다.

- 돈모 & 나일론
  - 돈모 브러시와 나일론 브러시의 장점이 있으면서 나일론 브러시의 쉽게 엉키는 단점이 커버된다. 스트레이트 스타일로 매끈하게 펴거나 웨이브를 만들 때 편리하다. 롱 헤어를 브러시에 여러 바퀴 감아 텐션을 가하면 모발이 엉키기 쉽다.

- 알루미늄
  - 빗살과 몸체가 금속이므로 드라이어 열을 오랫동안 보유할 수 있어 드라이에 소요되는 시간이 적다. 열풍을 쏘이는 시간이 길어질 경우 모발이 과열될 수 있다. 나일론 브러시와 마찬가지로 빗살 간격이 넓어서 많은 모량을 브러싱할 수 있으나 엉키기 쉬운 단점이 있다.

④ 덴멘 브러시(denman brush)

아치 형태의 고무판으로 된 받침대에 빗살이 균일하게 심어져 있다. 모근 쪽에 볼륨을 줄 때, 안말음할 때, 겉말음할 때, 스트레이트로 펼 때 자연스럽고 윤기 있게 표현할 수 있다.

⑤ S자 브러시

짧은 모발의 모근 쪽을 자연스럽게 세우거나 머릿결의 방향성을 조절할 때, 드라이가 끝난 후 모발을 빗을 때 사용한다.

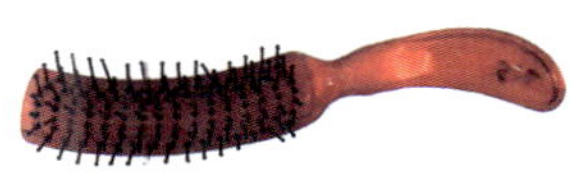

⑥ 클립

드라이 시술이 편리하도록 블로킹한 모발다발을 고정할 때 사용한다.

⑦ 분무기

모발에 수분을 공급한다. 블로우 드라이 시술 전 또는 드라이 시술하는 도중 부족한 수분을 보충한다.

2 제품

① 샴푸(shampoo)

두피와 모발에 유분이 많을 경우 두피 가까운 모발에 볼륨을 만들기 어렵고 완성된 헤어스타일이 오랫동안 유지되기 어렵다. 드라이 시술 전에 두피와 모발을 세정한다. 이때 산성샴푸를 사용하는 것이 좋으며 샴푸 시 적당한 물의 온도는 40°~45°이다.

② 린스(rinse)

린스에 스쿠알란(squalane)이나 실리콘유 등 유성이 강한 성분이 많이 첨가된 경우 모발의 광택이나 유연성은 향상되지만 드라이 시술 측면에서는 두피 쪽의 모발에 볼륨을 강조하기에 부적합하므로 유분이 적은 제품을 선택하는 것이 좋다.

린스 사용 후에는 깨끗이 헹구어 드라이 시술 시 연기가 나는 것을 방지한다.

③ 헤어 스프레이(hair spray)

무유성의 정발제로서 가스타입과 액체타입이 있다. 가스타입은 액체타입에 비해 고정력은 약하나 수정 · 보완이 용이하다. 헤어스프레이를 분사할 때 눈이나 피부에 제품이 묻지 않도록 얼굴 가리개를 사용한다.

④ 헤어무스(hair mousse)

헤어무스는 세팅효과를 목적으로 한 타입, 트리트먼트 효과가 있는 타입, 촉촉하고 광택 효과가 있는 타입이 있다. 용기로부터 분출된 거품을 모발에 도포하여 사용한다. 가늘어서 힘이 없는 모발에는 세팅효과가 있는 무스를 발라 드라이하면 볼륨을 살리거나 강한 웨이브를 만들기 쉽다.

⑤ 헤어왁스(hair wax)

반고형의 정발제이다. 종류에 따라 고정력이 강한 제품과 광택이 많은 제품이 있다. 드라이를 끝낸 모발에 발라 스타일링한다.

⑥ 헤어크림(hair cream)

헤어크림은 모발에 유분과 수분을 공급하므로 모발광택 및 보호효과가 있다.

⑦ 헤어 에센스(hair essence)

샴푸 후 타월 드라이한 모발에 에센스를 바른 후 드라이 시술을 하면 모발에 영양을 공급하면서 윤기 있고 매끈하게 스타일링할 수 있다. 드라이 시술 후 들떠서 가라앉히고 싶은 부위에 바르면 쉽게 정리되는 효과가 있다. 모발 표면에 고분자 실리콘막을 입혀 수분 보유력을 높이고 외부 마찰로부터 보호한다.

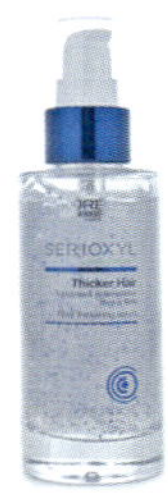

⑧ 헤어 젤(hair gel)

젤 상태의 투명한 정발제로 헤어스프레이에 비해 세팅력이 약하나 촉촉하고 자연스러운 세팅효과가 있다. 헤어 젤이 마르고 나면 좀 더 강한 세팅력이 있고 젤이 건조된 후에도 물을 적시면 다시 스타일링할 수 있다. 드라이 시술 후 과다하게 사용할 경우 제품에 함유된 수분으로 인해 스타일이 변형될 수 있다.

⑨ 광택 스프레이(shining spray)

광택 스프레이는 완성된 스타일을 고정하는 힘은 없으나 끈적임이 없어 사용감이 산뜻하다. 가벼운 타입의 샤이닝 실리콘 성분으로 인해 모발에 부드러운 감촉과 윤기를 준다. 광택 스프레이는 드라이 전후에 사용 가능하다. 드라이하기 전에 광택 스프레이를 분사하면 거친 모발도 엉킴이 없이 시술할 수 있다. 광택 스프레이는 모발에서 20~30cm 떨어진 곳에서 분사하는 것이 좋다.

⑩ 투 페이스(two phase)

엉킨 모발을 부드럽게 풀어주는 액상 트리트먼트제이다. 드라이 전 또는 마무리 스타일링 전에 사용하면 모발 표면을 코팅하여 부드러움과 윤기를 주면서 정전기 발생을 방지한다. 투 페이스의 분리된 두 층이 잘 섞이도록 흔들어 준 다음 모발에 뿌리면 거품 부분은 모발 표면을 매끄럽게 하여 엉킴을 방지하고 액체 부분은 모발에 필요한 아미노산 등 영양분을 공급한다.

6

블로우 드라이에 영향을 미치는 요소

1 수분

의복을 다림질할 때 건조한 상태보다는 적당한 수분이 있을 때 매끈하게 다림질하기 쉬운 것처럼 드라이기로 모발을 가지런히 펴거나 구부릴 때도 적당한 수분이 있어야 쉽게 스타일링할 수 있다. 수분이 없는 건조한 상태에서 시술하면 스타일링이 어려울 뿐만 아니라 수분이 과다하게 제거되어 모발이 상할 수 있다.

드라이 시술에 적절한 수분양은 모발 상태에 따라 달라진다. 손상모는 건강모보다 더 빠르게 건조되기 때문에 더 많은 수분을 남겨둔 상태에서 드라이해야 한다. 샴푸 후 수건으로 가볍게 물기를 제거한 상태일 때의 수분량을 100%로 정한다면 건강모는 30%, 손상모는 40%의 수분을 남겨둔 상태에서 스타일링을 시작한다.

2 온도

모발에 고온을 가할수록 웨이브 형성이 빠르게 되지만 그만큼 손상도가 크고 형태 고정을 위해 모발을 식히는 데 소요되는 시간이 길어진다. 블로우 드라이 시술 시 열풍의 온도는 80℃ 전후가 좋다.

블로우 드라이어는 열풍과 냉풍을 모두 사용할 수 있다. 웨이브를 만들 때 브러시에 모발을 감아 열풍을 쏘인 후 웨이브를 고정시키기 위해 열이 식을 때까지 기다리는 것보다 냉풍을 쏘이는 것이 용구의 활용과 신속한 스타일링 측면에서 유리하다.

3 패널의 폭

패널의 폭은 브러시 길이의 80%가 적절하다. 너무 넓은 패널은 신속 · 정확한 드라이 시술이 어렵다. 섹션의 폭이 너무 넓을 경우 하나의 섹션을 이등분하여 시술하면 된다. 패널의 두께는 희망하는 스타일, 사용할 브러시의 사이즈와 연관성이 크다. 강한 볼륨이나 웨이브를 원하면 패널을 얇게 뜬다. 패널이 지나치게 얇으면 텐션 조절이 힘들고 시술시간이 연장된다.

4 패널의 각도

두피 쪽에 볼륨을 줄 때는 패널 각도를 올려준다. 패널을 올린 각도가 지나치게 클 경우 오히려 볼륨의 강도가 약해진다. 최상의 강도를 가진 볼륨을 위해 패널을 110° 전후로 들어준다. 두상의 둥근 형태를 감안하여 두상 위치에 따른 각도 변화를 인식해야 한다.

5 브러시

브러시의 크기, 형태, 재질은 다양하다. 일반적으로 긴 모발에는 큰 브러시를 사용하고 짧은 모발에는 가는 브러시를 사용하지만 긴 모발에도 부분적으로 가는 브러시를 사용할 수 있다. 브러시가 엉성한 가시 브러시는 조밀한 브러시보다 모발에 열을 전달하기 쉽지만 긴 모발의 경우 엉키기 쉽다. 브러시의 재질에 따라 열의 전도율이 달라진다. 플라스틱이나 천연 재질보다 금속재는 열의 전도율이 커서 시술시간을 단축할 수 있으나 모발이 과열될 우려가 있다.

6 텐션

탄력 있는 웨이브 형성, 매끈한 질감처리는 텐션을 적절하게 조절할 때 가능하다. 텐션이 약하면 더 많은 열을 가하더라도 웨이브 형태가 명확하지 않다. 그러나 너무 강한 텐션은 모발이 브러시에 엉키거나 브러시 자국이 생기고, 모발이 상할 수 있다.

모발을 스트레이트로 펼 때도 약간의 텐션이 필요한데 라운드 브러시를 회전시키면서 브러싱해 주면 더욱 매끈한 머릿결을 만들 수 있다.

7 브러싱 속도

단순히 모발결을 정리하는 차원이라면 브러싱 속도가 다소 빨라도 무방하나 윤기와 매끈함을 표현하기 위해서는 브러싱 속도를 늦추어야 한다. 특히 곱슬머리나 손상되어 부스스한 모발에는 느린 브러싱 속도가 오히려 정확하고 빠른 완성에 이를 수 있다.

CHAPTER

02

블로우 드라이의 실질적 접근

1 사전 준비

- 고객의 헤어스타일, 모발 상태, 얼굴형, 두상, 체형, 의상, 메이크업 등 고객의 외적인 면을 분석하고 고객의 취향, 직업, 스타일링 목적 등을 파악하여 고객에게 적합한 드라이 스타일을 선정한다.
- 어깨보를 사용하여 고객의 피부에 열풍이 직접 닿는 것을 방지하고 머리카락이나 기타 이물질로부터 의복을 보호한다.
- 때나 먼지, 과다한 유분이 있는 모발은 산성샴푸로 세정한다. 린스 또는 트리트먼트제는 깨끗이 헹군다. 모발에 제품이 남아있을 경우 열풍을 쏘이면 연기가 날 수 있다.
- 모발이 건조한 상태에서는 매끈한 질감이나 확실한 형태를 얻기 힘들고 수분이 너무 많으면 시술하는 데 긴 시간이 소요되므로 모발의 수분량을 조절한다.
- 샴푸한 모발의 수분함량을 100%라고 한다면 약 70% 정도는 가볍게 말리고 약 30%의 수분이 남아있는 상태에서 스타일링을 시작하여 드라이가 끝난 후에도 모발 자체의 수분이 10~15% 남아 있어야 한다.
- 예비건조(pre-drying) 시에는 모근 쪽 모발을 가장 많이 건조시키고 모발 끝 쪽으로 갈수록 적게 건조시킨다. 이와 같은 예비건조 방법은 두피 쪽의 수분을 적게 하여 모발이 신속하게 건조됨에 따라 모류를 교정거나 볼륨을 줄때 두피의 뜨거움을 방지할 수 있다.

- 드라이할 때는 두피 쪽에서 시작하여 모발 끝을 향해 열풍을 가하면서 브러싱하므로 모발끝 쪽으로 갈수록 쉽게 건조될 뿐만 아니라 모발 끝은 길이가 다르거나 질감이 거칠어 두피 쪽보다 더 많은 수분을 남겨야 매끈하게 완성되는 결과를 얻을 수 있다.

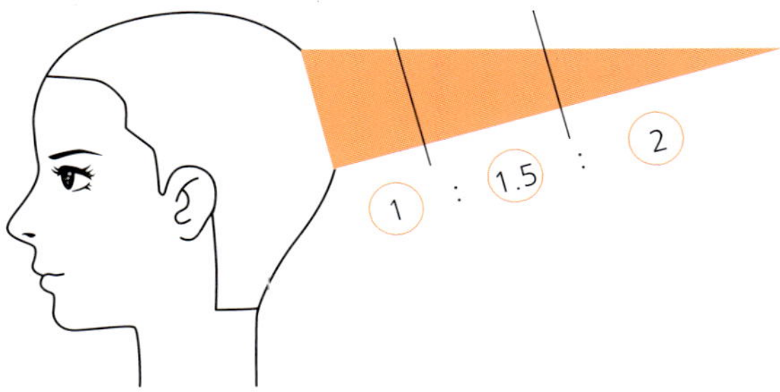

◀ 모발에 남겨야 할 수분량의 비

2
시술 자세

- 시술자는 양발을 어깨넓이로 벌린다. 필요시 한쪽 발을 앞으로 약간 내밀어 신체의 균형을 잡는다. 팔을 올리는 높이를 어깨보다 낮게 하여 어깨와 팔에 무리가 가지 않도록 한다.

- 고객의 머리는 시술자의 가슴 높이에 위치시키고 시술자는 고객과의 적당한 간격(25~30cm)을 유지한다.

- 정수리(Top) 부위를 시술할 때 어깨와 손을 들어올리기보다는 발뒤꿈치를 드는 자세가 피로감을 줄일 수 있다.
- 드라이기는 열풍 또는 냉풍을 가하는 작용을 할 뿐이다. 기술적인 조작은 브러시를 잡은 엄지와 검지 위주로 이루어진다. 드라이할 때 양쪽 어깨의 힘을 빼고 브러시를 잡은 엄지와 검지에 약간의 힘을 주면서 시술한다.

3 블로킹(blocking)

블로킹은 시술할 헤어스타일에 따라 다양한 형태로 할 수 있으나 4등분(ear to ear line + center line)으로 나누는 것보다 5등분으로(back 1개, back side 2개, side 2개) 나누면 센터라인에 경계선이 생기는 것을 예방할 수 있다.

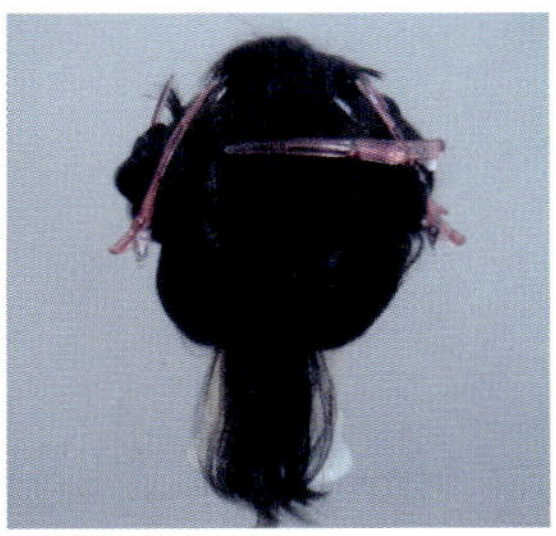

◀ 5등분으로 블로킹하면 센터라인에 경계선이 생기는 것을 예방할 수 있다.

지그재그 형태의 파팅 라인(parting line)은 드라이 후 블로킹 또는 슬라이싱(slicing)했던 부위가 갈라지는 것을 방지한다.

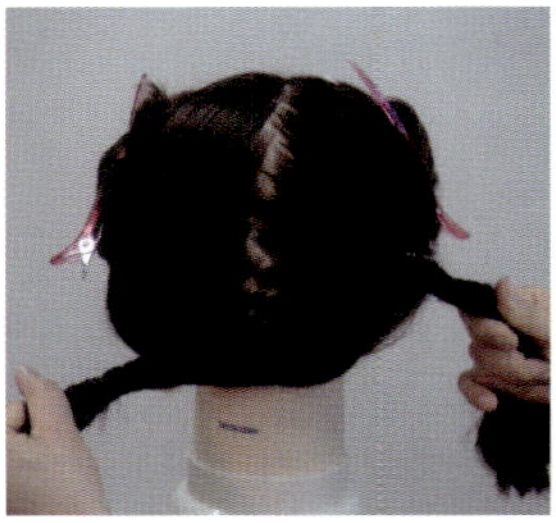

▲ 백과 백 사이드의 경계를 지그재그 형태로 나눈 모습

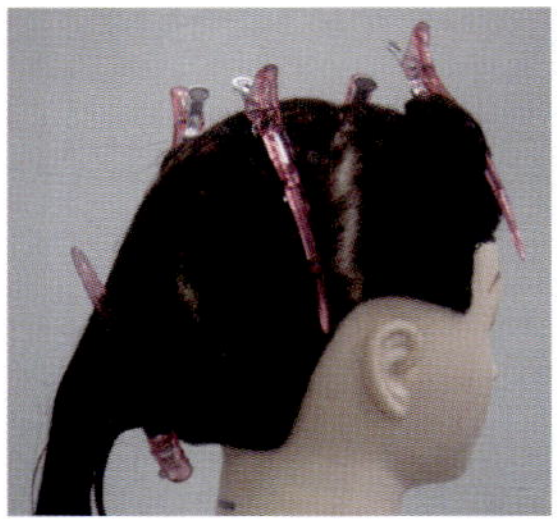

▲ 백 부위를 지그재그 형태로 나눈 모습

▲ 사이드와 백 부위의 경계를 지그재그 형태로 나눈 모습

블로킹할 때 후두부(back)의 가로 폭을 백 사이드나 사이드의 가로폭보다 약간 넓게 한다. 후두부 시술이 끝난 후 백 사이드 부위를 시술할 때 후부두의 모발을 약간(5mm) 취하여 백 사이드의 패널과 합쳐서 드라이할 것에 대비한다.

◀ 후두부 시술이 끝난 후 후두부의 모발을 약간(0.5cm) 취하여 back side의 모발과 합침으로써 후두부와 back side 사이의 경계선을 없앨 수 있다.

4

패널 조절(Panel Control)

- 패널이 너무 얇으면 힘을 덜 받고(텐션이 약하고) 너무 두꺼우면 모발에 열전달이 느리다.
- 패널을 뜰 때 일반적인 슬라이싱 폭은 브러시의 지름과 같게 하고 길이는 브러시 길이의 4/5 이내가 되도록 한다. 필요에 따라 더 크거나 작게 할 수 있다.
- 많은 볼륨을 원할수록, 웨이브나 볼륨이 자연스럽게 연결되기를 원할수록 여러 개의 패널로 나누어 시술한다.
- 새로운 패널을 슬라이싱할 때마다 이미 시술한 아래쪽 패널의 일부(약 0.5cm)를 슬라이싱한 다음 새로운 패널과 합쳐서(over rap) 브러싱하면 패널과 패널 사이의 경계선이 생기는 것을 방지할 수 있다. 이때 아래쪽 모발의 일부뿐만 아니라 옆쪽의 모발도 함께 슬라이싱하면('ㄷ' 모양) 패널의 아래쪽 또는 옆쪽에 경계선이 생기는 것을 방지할 수 있다.

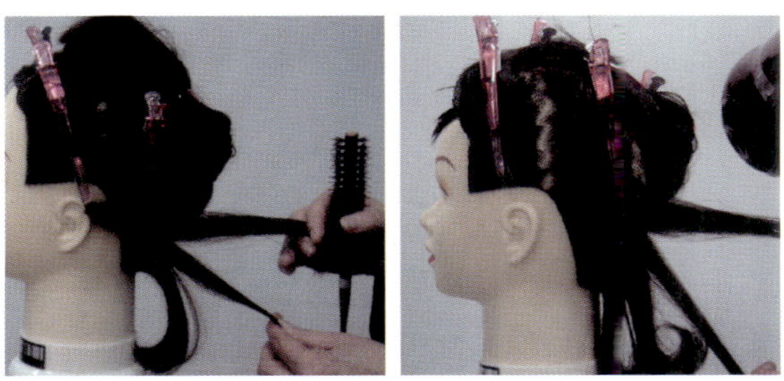

◀ 드라이할 모발과 앞서 드라이한 모발의 일부를 합쳐서(over rap) 드라이하면 경계선이 생기지 않아 자연스럽다.

- 시술할 패널 이외의 모발이 브러시에 감기지 않도록 한다. 하나의 패널 전체를 브러싱할 때는 모발의 당김으로 인한 통증이 없으나 시술할 패널 이외의 주변 모발이 브러시에 딸려 들어간 상태에서 브러싱하면 아픔을 느끼게 된다.

- 현재 시술할 패널을 슬라이싱한 후 남은 모발다발을 고정할 때는 모근 쪽에서 5cm 정도 떨어진 지점에 핀셋을 고정한다. 모근 가까이에 핀셋을 꽂게 되면 모발이 눌리면서 특정 방향을 갖게 되어 모류가 쏠리는 원인이 된다.

- 패널의 모근 쪽에 브러시를 대고 90°로 꺾어 올려 열을 가하면 볼륨 형성과 모류 교정 효과가 있다.

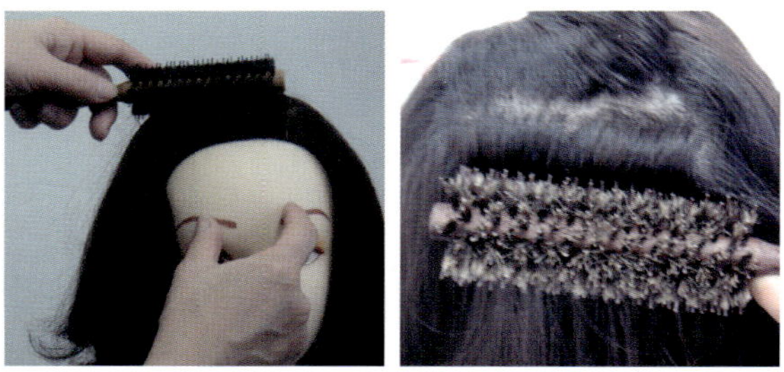

◀ 패널의 모근 쪽에 브러시를 대고 90°로 꺾어 올려 열을 가하면 볼륨형성과 모류교정 효과가 있다.

- 패널을 들어 올리는 각도에 따라 볼륨이 달라지며 들어 올리는 각도를 높이면 두피 쪽의 볼륨도 커진다.

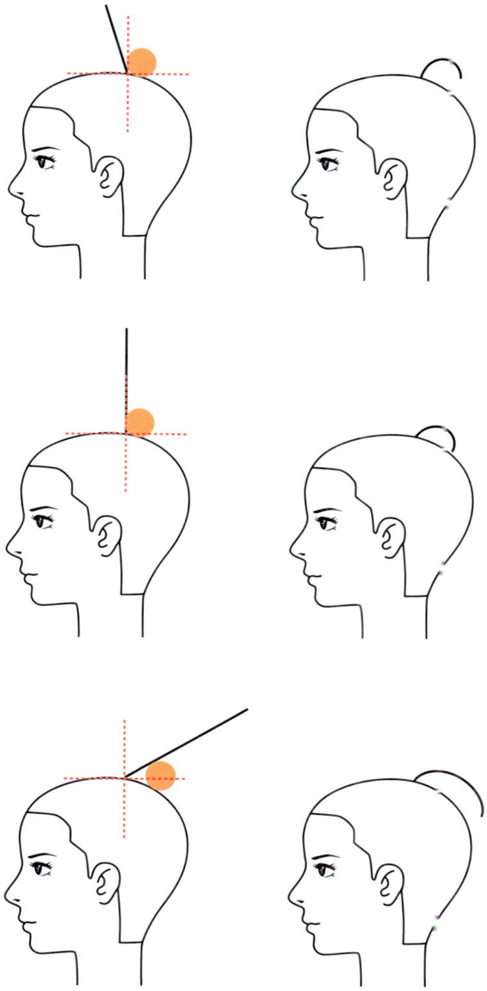

◀ 패널의 각도와 볼륨의 관계

▶ 패널의 각도와 볼륨의 관계

패널의 각도	볼륨	비고
110° 전후	최대의 볼륨	퍼널을 들어 올리는 각도가 130°를 넘을 경우 오히려 볼륨이 감소됨
90°	보통의 볼륨	
45°~60°	약간의 볼륨	

5

드라이어 사용각도

두피 쪽 모발에 볼륨을 만들 때는 모발을 감은 브러시에 대해 후방 45°로 열풍을 가하기 시작하여 브러시 회전과 함께 드라이어를 회전시킨다.

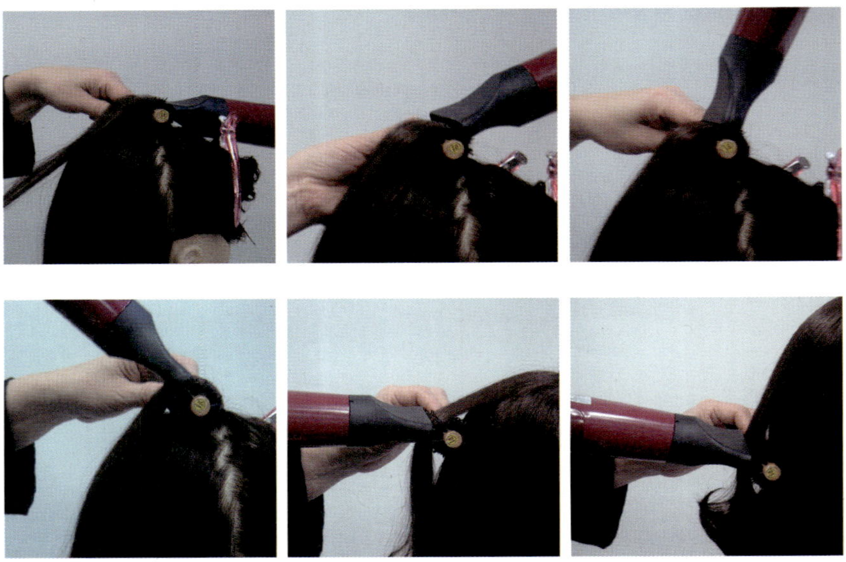

▲Top에 볼륨을 주기 위하여 브러시와 함께 회전하는 드라이어

◀ Front에 볼륨을 주기 위해 브러시와 함께 회전하는 드라이어

- 모발에 윤기를 주기 위해 열풍을 쏘일 때는 큐티클이 들뜨지 않도록 모근 쪽에서 모발 끝을 향해(후방 45°) 열풍을 쏘인다.
- 모발을 스트레이트로 가지런히 펼 때는 드라이어 바디를 바닥과 평행하게 눕힌 상태에서 모발 끝을 향해 브러싱하면서 열풍을 쏘인다.
- 모발 끝을 안말음할 때는 드라이어 바디를 바닥면과 평행한 상태에서 노즐을 롤 브러시에 대고 바람을 준다. 계속해서 드라이어 바디가 바닥면과 수직을 이루도록 회전시키며 열풍을 쏘인다.

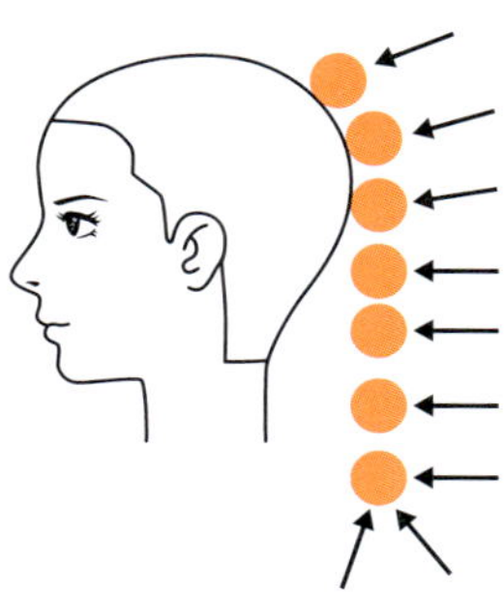

◀ 패널의 끝 부분을 안말음할 때 모발에 드라이어 열풍을 쏘이는 방향

6

브러싱(Brushing)

모발 결이 가지런히 정리되지 않은 상태에서 드라이하면 모발 질감이 거칠고 윤기가 없다. 먼저 결을 가지런히 정리한 다음 열풍을 쏘이면서 브러싱하면 매끈한 질감과 윤기를 얻을 수 있다.

브러싱할 때 패널의 가로 폭을 한 곳으로 모아서 잡으면 볼륨이나 웨이브 형태가 일정하지 않으므로 패널을 가지런히 펼친 상태에서 브러싱한다.

두피 쪽 모발에 볼륨을 업(up)시키려면 모발을 업 스템(up stem)으로 브러싱하여 두피 쪽 모발에 열을 가한 후 볼륨이 고정될 수 있도록 잠시 동안 열을 식힌 다음 텐션을 강하게 주면서 드라이어와 함께 브러시를 90° 회전시킨다.

볼륨을 다운(down) 시키려면 모발을 다운 스템(down stem)으로 브러싱하되 브러시의 회전을 최소화한다.

컬을 만들 때는 롤 브러시에 모발을 감은 상태에서 열을 가한 다음 컬이 고정될 수 있도록 열을 식혔다가 모발이 감긴 반대 방향으로 브러시를 회전시키면서 푼다.

스트레이트로 펴기 위해 모발에 열풍을 쏘이며 브러싱할 때 모발 끝부분에서는 텐션이 약해지기 쉬우므로 브러시를 회전하면서 텐션을 유지하여 모발 끝까지 스트레이트가 될 수 있도록 한다.

드라이하는 도중에 핀셋으로 고정해둔 모발이 건조해진 경우 모발에 수분을 보충한다. 이때 모발에 직접 분무할 수 있으나 이미 드라이된 모발에 물이 묻는 것을 방지하기 위해 브러시에 분무하여 모발을 브러싱하는 간접 수분 보충 방식이 좋다.

브러싱하는 도중 엉킨 모발로 인해 브러싱이 순조롭지 않을 경우 즉시 브러싱을 멈추고 엉킨 모발의 약간 위쪽에서 다시 브러싱하면 엉킨 모발이 쉽게 풀어진다.

브러싱할 때 패널을 무리하게 잡아당기면 두상이 흔들릴 뿐만 아니라 모발이 손상될 수 있다. 자연스럽게 브러싱될 수 있도록 힘을 적절하게 배분한다.

롱 헤어의 경우 모발 끝이 손상된 경우가 많은데 손상된 부위에 모발 보호제를 첨가하면 보다 매끈하고 윤기 있게 드라이할 수 있다.

드라이를 마친 모발의 질감은 모발의 건강 정도와 관계없이 모근 쪽, 중간 모발, 끝쪽 모발의 매끈함이 같아야 한다.

각각의 패널에 볼륨을 주거나 펴는 등의 브러싱 동작도 중요하지만 헤어스타일에 조화미가 있어야 한다. 전체적인 스타일의 흐름을 파악하면서 패널을 들어 올리는 각도와 브러싱 방향 등을 조절한다.

7

드라이어의 사용

드라이어의 노즐이 고객의 얼굴, 목, 두피를 향하게 되면 불쾌함을 줄 수 있다. 두피쪽 모발에 볼륨을 주려고 드라이어의 노즐을 두피에 너무 가까이 대고 열풍을 쏘이면 화상의 우려가 있다.

드라이어의 전기선이 고객의 어깨, 팔, 얼굴에 닿을 경우 오염 또는 감전의 우려가 있고 고객이 불편함을 느낄 수 있으므로 전기선의 위치를 확인하면서 시술한다.

열풍을 쏘이면서 브러싱할 때 드라이어의 노즐을 모발에 너무 가까이 밀착시키거나 힘을 주어 누르는 경우 모발이 화상을 입을 수 있다. 브러시가 변형되거나 노즐의 입구가 막히면서 드라이어의 열선에 무리가 갈 수도 있다.

모발과 드라이어의 간격이 너무 떨어지면 열이 방산되어 모발이 흩어지면서 탄력과 윤기 있는 시술결과를 얻기 힘들다. 드라이어의 노즐과 모발 사이에 미세한 간격을 둔 상태에서 드라이어가 브러시를 따라가는 방식이 좋다.

매끈한 모발 질감을 연출하려면 브러싱할 때의 텐션, 열풍을 쏘이는 노즐의 방향과 모발 부위, 열풍 온도와 적용시간이 적절해야 한다.

시술 시 모발에 열풍을 쏘이는 시간이 길어질 경우 모발이 건조해져 탄력을 잃은 시술결과가 초래된다. 오버타임(over time) 되지 않도록 모발 가온 시간을 조절한다.

희망 스타일에 따라 브러시 대신 손가락을 사용하여 모발에 자연스러운 흐름을 줄 수 있다(finger dry).

블로우 드라이어(blow dryer) 대신 적외선램프 드라이어를 사용할 수 있다. 적외선램프 드라이어는 새로운 형태로의 변화보다는 기존의 웨이브를 흩트리지 않으면서 건조시킬 때 편리하다.

원통형의 노즐에 여러 개의 작은 구멍이 뚫려 있어 바람이 부드럽게 분산되는 디퓨저(diffuser)를 사용하면 본래의 컬을 유지시키거나 자연스럽게 건조시킬 수 있다.

블로우 드라이어는 열풍을 쏘이는 각도와 거리에 따라 차이가 있으나 90℃ 전후의 열풍을 사용하는 것이 적합하다.

▶ 열기구의 일반적인 시술온도

블로우 드라이어	아이론	전기 세트기	열펌기
90℃ 전후	120~140℃	130~140℃	120~180℃

곱슬머리를 스트레이트로 펴거나 강한 컬을 만들 때, 푸석한 모발에 윤기를 낼 때는 솔이 조밀하게 심어져 있는 천연 재질의 브러시를 사용하면 텐션을 조절하기 편리하다.

섹션의 폭을 넓게 잡아서 빠른 시간에 드라이 시술을 마치고자 할 때는 솔이 엉성하게 심어진 나일론 또는 금속 재질의 가시 브러시, 돈모와 나일론 모가 섞인 가시 돈모를 사용하면 편리하다.

S자 웨이브를 만들 때에는 모발이 두 바퀴 이상 감길 수 있는 사이즈의 브러시를 사용하고 C자 웨이브를 만들 때에는 한 바퀴 반 정도 감길 수 있는 사이즈의 브러시를 사용한다.

두피 쪽에 볼륨을 주려면 미디움 헤어와 롱 헤어는 중형 브러시를, 쇼트 헤어는 소형 브러시를 두피 가까이에 대고 열풍을 쏘인다. 이때 패널을 들어 올리는 각도는 90°~125° 정도로 한다.

▶ 볼륨 형성에 용이한 브러시 사이즈

모발 길이	롱 헤어	미디움 헤어	쇼트 헤어
브러시 사이즈	중형	중형	소형

크기와 재질, 심어진 솔의 조밀도가 다른 브러시를 여러 개 준비하여 모발 상태와 드라이 목적에 따라 선택하여 사용한다.

펌 헤어, 롱 헤어, 축모에 웨이브를 만들 때 가시 모양 브러시를 사용하면 브러시에 모발이 엉키기 쉬우므로 돈모 브러시를 사용한다. 브러시에 강한 텐션으로 모발을 감을 경우 털이 조밀하게 심어진 브러시라 할지라도 모발이 엉킬 수 있다.

브러시를 잡을 때는 엄지와 검지로 잡고 나머지 세 손가락은 가지런히 옆에 붙이되 브러시를 돌리기 쉬운 자세를 취한다.

롱 헤어를 브러싱할 때 전체 패널을 한 번에 브러싱하는 것보다 세 부분으로 나누어 브러싱하고 미디움 헤어는 두 부분으로 나누어 브러싱하면 보다 윤기 있고 매끈한 질감을 얻을 수 있다.

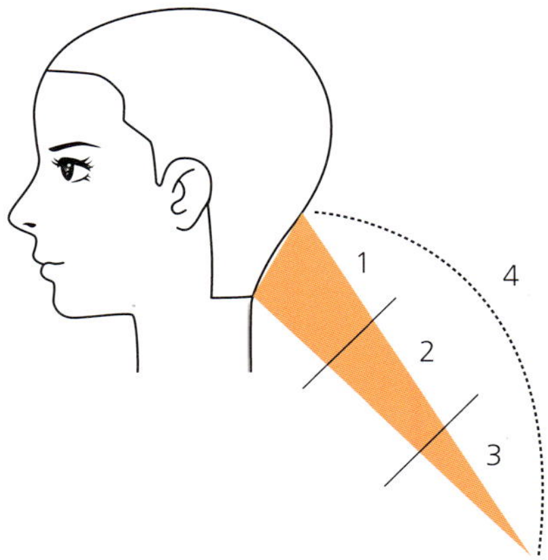

◀ 롱 헤어는 전체 패널을 세부분으로 나누어 각 부분을 3회씩 브러싱한 다음 전체적으로 브러싱한다.

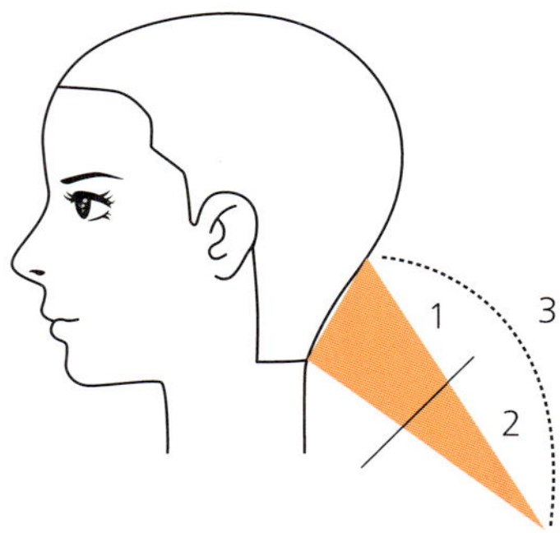

◀ 미디움 헤어는 전체 패널을 두 부분으로 나누어 각 부분을 3회씩 브러싱한 다음 전체적으로 브러싱한다.

8

스타일링 제품의 사용

드라이 전후에 양모제를 사용한다. 잦은 드라이 시술은 모발을 건조하게 하여 윤기 감소와 모발이 갈라지는 원인이 되므로 열로부터 모발을 보호할 수 있는 양모제 또는 컨디셔너를 사용한다.

롱 헤어의 경우 모발 끝 부위는 손상된 경우가 많은데 시술하는 과정에서 손상된 부위에 모발 보호제를 첨가하면 모발을 보호하면서 매끈하고 윤기 있게 드라이할 수 있다.

완성된 헤어스타일에 가벼운 느낌과 윤기를 더하려면 웨이브나 모발의 흐름을 정리하면서 광택스프레이를 뿌린다.

투페이스 또는 스프레이 등의 제품을 앞머리에 뿌릴 때는 얼굴 가리개를 사용하여 피부에 제품이 닿는 것을 방지한다.

◀ 얼굴 가리개를 사용한 스타일링제 적용

PART 07

두피 및 모발관리

CHAPTER

01

두피 개요

1
두피의 정의

두피는 두상을 감싸고 있는 피부조직으로 외부의 물리적 자극이나 화학적 변화를 완충시켜 두상 내부를 유지하고 보호하는 신체 부위이다.

2
두피의 구조

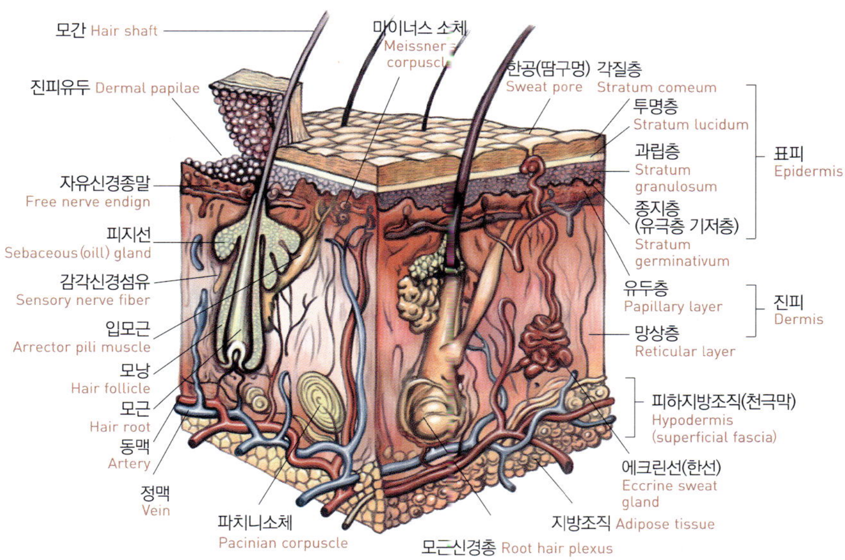

▲ 피부의 조직학적구조

두피는 크게 표피, 진피, 피하지방층으로 나뉜다.

1 표피(Epidermis)

표피층

표피층은 각질층, 투명층, 과립층, 유극층, 기저층으로 구분한다.

① 각질층

피부의 가장 바깥쪽에 있다. 핵이 없는 편평한 세포가 15~25층으로 비늘처럼 겹쳐져 있다. 각질층의 바깥쪽으로 갈수록 비늘 모양이 편평한데 죽은 세포가 세정이나 마찰에 의해 매일 떨어져 나간다. 각질층은 수분을 보유하는 데 필요한 천연보습인자(NMF)를 가지고 있다. 천연보습인자의 주성분은 아미노산과 유기산인데 이 물질은 피부에 수분을 함유할 수 있도록 몸 자체에서 만들어진다. 각질층은 약 15%의 수분을 함유하고 있다.

② 투명층

핵이 없는 세포층으로 3~4층의 생명력이 없는 각화세포로 구성되어 있다. 엘레이딘(eleidin)이라는 반유동적 단백질이 있어서 피부에 윤기를 주고 방수역할을 한다. 투명층 아래에 외부의 이물질 침입을 막는 레인 방어막(rain membrane)이 있어서 수분의 증발과 체내의 물질이 체외로 나가는 것을 막아준다. 투명층은 주로 손바닥과 발바닥 같은 두꺼운 피부에 발달되어 있다.

③ 과립층

2~5층의 핵이 없는 죽은 세포층이다. 손, 발바닥의 경우 약 10층으로 구성되어 있다. 과립층에는 케라토히알린(keratohyalin)이라는 케라틴 단백질이 뭉쳐진 과립이 함유되어 있다. 과립층에도 베리어 존(barrier zone)이 있어서 외부물질의 통과 또는 피부 내부의 수분 증발을 막는다.

④ 유극층

6~9층으로 된 표피에서 가장 두꺼운 층이다. 가시돌기 형태의 유극세포가 있는 가시돌기층이다. 세포 사이로 림프액이 흐르고 있어 림프마사지가 이루어질 수 있는 영역이다. 체내로 이물질이 들어오면 최전방의 방어막이 꺼졌음을 알리는 랑게르한스 세포가 면역세포를 생산하여 즉시 반응하도록 한다.

⑤ 기저층

타원형의 세포핵이 있는 층이다. 표피의 가장 아래에 있으면서 진피에 접해있는 물결모양의 단층이다. 각질형성세포(케라티노사이트)와 멜라닌형성세포(멜라노사이트)가 10 : 1로 존재한다. 기저층에서 만들어진 표피세포의 각질화 주기는 28±3일이다. 각질세포는 과립층에 이르기까지 약 14일이 걸린다. 이후 각질층에서 14일이 지나면 떨어져 나간다.

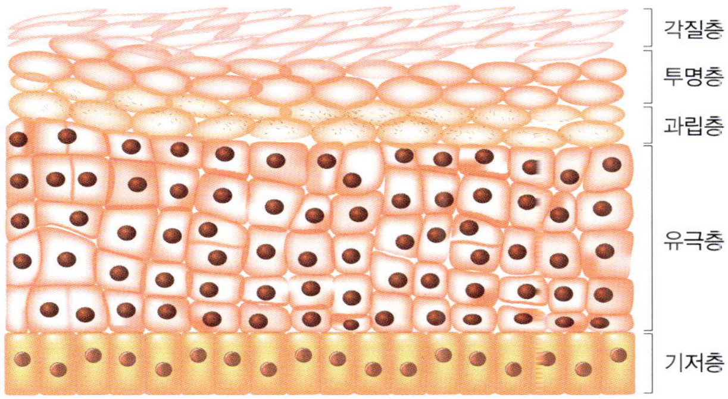

◀ 표피의 단면

2 진피(Dermis)

진피는 표피 아래의 두꺼운 층으로 피부의 90% 이상을 차지한다. 표피층 두께의 20~40배이다. 결체조직섬유(교원섬유, 탄력섬유)와 기질로 되어 있어 피부의 탄력을 관장한다. 상층으로부터 크게 유두층과 망상층으로 나뉘며 진피에는 혈관, 림프관, 근육, 신경이 있다.

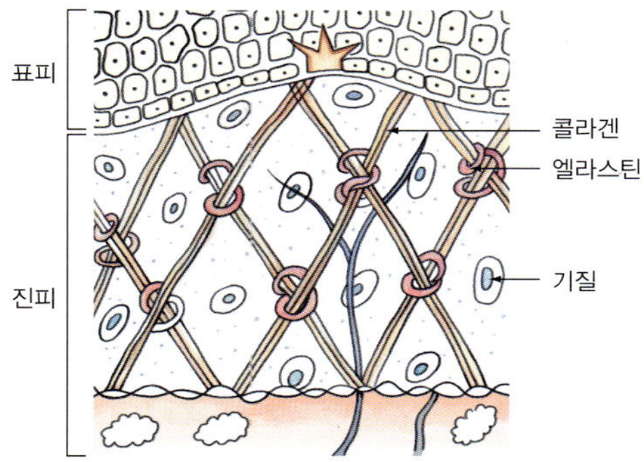

◀ 진피의 단면

진피의 구성성분

① 교원섬유(Collagen Fiber)

콜라겐은 진피 성분의 90%를 차지하는 단백질이며 섬유아세포로부터 생성되고 재생된다. 진피에 인장강도를 주는 역할을 하고 피부를 자외선으로부터 보호한다. 피부의 주름을 예방하는 수분 보유원으로 물리적 · 화학적 자극에 대한 방어 작용을 한다.

② 탄력섬유(Elastic Fiber)

진피에 있는 섬유 중 비교적 적은 부분을 차지하며 피부의 탄력을 결정짓는 중요한 요소이다.

③ 기질

기질은 진피 내 세포들 사이를 메우고 있는 구정형의 점액상태이며 자기 무게의 수백 배에 달하는 수분 보유력이 있다.

진피의 구조

① 유두층(Papillary Layer)

기저세포층 아래 진피층 상부에 있고 물결 모양으로 되어 있다. 유두층의 물결 모양은 노화가 진행됨에 따라 편평해지므로 물결무늬의 완만함으로 피부 노화 정도를 가늠할 수 있다.

② 망상층(Reticular Layer)

유두층 바로 아래에 있고 그물 형태로 되어 있어서 망상층이다. 교원섬유인 콜라겐, 탄력섬유인 엘라스틴, 그 사이를 채우고 있는 간충물질과 그 모든 성분을 만들어내는 섬유아세포로 이루어져 있다. 피부의 강도와 유연성을 담당한다.

진피 내 존재하는 기관

- 모낭은 털을 감싸고 있는 주머니이다.
- 피지선은 모낭 옆에 딸려 있고 피지를 분비해서 모발을 윤택하게 해준다.
- 한선은 땀을 분비하여 체온을 조절한다.
- 모유두에는 혈관과 신경이 연결되어 있어 털의 성장과 영양공급을 담당한다.
- 입모근은 털을 세우는 근육이다. 갑작스런 공포나 한기를 느낄 때 수축하면서 털을 세운다.
- 동맥은 산소와 영양분을 공급한다.
- 정맥은 각 세포에 있는 이산화탄소와 노폐물을 심장으로 보낸다.
- 신경은 자극을 감지하여 다른 기능을 가진 신경으로 전달한다.

3 피하지방층

피하지방조직은 피부조직의 최하층이다. 여분의 지방을 저장하여 충격을 완화하고 체온을 유지하며 피하지방층 아래의 뼈와 근육을 보호한다.

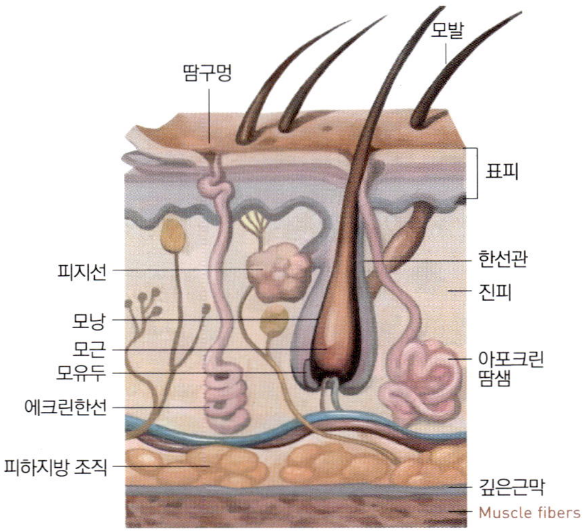

◀ 피하지방층

3 두피의 기능

두피는 보호, 흡수, 분비, 배설, 호흡, 체온 유지, 감각 전달, 비타민 D 생성, 저장 등의 기능이 있다.

1 보호 기능

물리적·화학적 자극으로부터 두피를 보호한다.

① 광선으로부터 보호

멜라닌 색소와 표피의 투명층은 자외선이 침투하는 것을 막는다.

② 증발 조절

두피에 피지막을 형성하여 두피 건조를 방지한다.

③ 세균으로부터 방어

두피 표면의 산성막은 박테리아의 감염과 미생물 침입을 막는다.

④ 마찰로부터 보호

각질층의 단단함, 피하조직과 결합조직의 탄력성이 완충작용을 한다.

2 흡수 기능

피부 표면을 통한 흡수량은 모공 〉 한공 〉 표피의 각질층순이다. 각질층을 통한 흡수는 피부장벽에 의해 흡수가 쉽지 않다. 모공과 한공 등 피부부속기관의 경우 유효성분이 진피층까지 흡수될 수 있다. 피부로의 흡수는 수용성 물질보다 지용성 물질이 용이하다.

3 호흡 기능

인체는 폐호흡을 하며 약 1~3%의 피부호흡을 한다.

4 분비와 배설 기능

① 한선

땀을 분비하여 체온조절 및 두피 표면을 습윤하게 해준다.

② 피지선

피지를 분비하여 두피와 모발을 윤택하게 하고 수분증발을 막으며 세균의 감염을 막아준다.

③ 모발

중금속 및 독소를 배출시켜 준다.

5 체온조절 기능

우리 몸은 36.5℃를 유지하려는 항상성이 있다. 체온을 유지하기 위해서는 한선, 혈관, 입모근, 저장지방 등의 역할이 일정하게 이루어져야 한다.

6 감각전달 기능

감각기관은 외부의 자극을 즉각 뇌에 전달하며 촉각, 압각, 통각, 온각, 한각, 소양감을 느끼게 한다.

7 비타민 생성 기능

프로비타민 D가 자외선을 받으면 생체 내에서 비타민 D로 바뀌어 체내에 흡수되며 칼슘의 흡수를 촉진시켜 뼈와 치아 형성에 도움을 준다.

8 저장 기능

피하조직 내 지방은 우리 몸의 저장기관으로 각종 영양분과 수분을 보유하고 있다.

C H A P T E R

02

두피 관리

1 두피 관리의 개념

두피와 모발 건강을 위해 상담과 진단, 샴푸 스켈프 스케링, 트리트먼트 등의 미용적 시술을 통한 관리를 말한다.

2 두피 관리의 목적

두피도 피부의 한 부분으로 세포분열 과정을 통한 일정한 각화 주기가 존재한다. 하지만 내 · 외적인 요인으로 인해 그 각화주기의 변화와 두피의 불청결 등으로 모공이 막혀 두피 트러블을 일으키는데, 이런 문제점들은 모발의 정상적인 성장을 저해시켜 탈모현상을 초래한다. 따라서 올바른 두피 관리를 통해 건강한 두피 및 모발을 유지하는 것이 두피 관리의 목적이다.

3
두피 관리의 효과

두피 관리는 두피 내 노화된 각질이나 피지산화물 등을 두피 스케일링을 이용해 제거해줌으로서 각화주기를 정상화시키고 모공 내 제품 침투력도 높여 두피 신진대사 기능이 향상되는 효과를 가져온다. 또한 두피 관리 시 행해지는 마사지를 통해 혈액순환을 촉진시켜 최종적으로 문제성 두피와 탈모를 사전에 예방할 수 있게 된다.

4
두피 손상의 원인

1 내적 요인

두피 손상의 원인 중 가장 큰 요인이다. 호르몬 분비 이상, 식생활 문제, 소화기관 이상, 스트레스 등의 내부 요인이 두피문제를 일으킨다. 내적 요인에 의한 두피 문제는 일반적으로 사용하는 제품이나 기기 사용만으로 해소되기 어렵다. 두피 손상을 유발하는 내적 요인과 라이프 스타일 등 건강상태를 조절해야 한다.

2 외적 요인

외부적인 요인에 의해 두피에 외상이 나타나는 것으로 크게 물리적 · 화학적 · 환경적 요인이 있다.

① 물리적 요인에 의한 손상

잘못된 샴푸, 브러싱, 드라이, 아이론 등에 의해 두피에 상처나 화상과 같은 손상이 생길 수 있다.

② 화학적 요인에 의한 손상

펌이나 염색 등 화학약품 접촉에 의한 두피의 과각화, 접촉성 피부염과 같은 두피 문제가 생길 수 있다.

③ 환경적 요인에 의한 손상

미세먼지, 황사, 자외선 등 외부 환경적 요인으로 인해 두피에 손상을 유발할 수 있다.

5 두피 타입

두피는 피지량, 수분량, 두피톤, 각질의 유무 등에 의해 크게 정상, 건성, 지성, 문제성 두피로 분류할 수 있다.

1 정상 두피

이상적인 두피로 적당한 유수분이 있으며 정상적인 각화주기를 가진다.

① 두피톤

청백색을 띄고 투명하다.

② 모공 상태

선명한 모공 라인이 보이며 열려 있다.

③ 모발의 굵기

0.12~0.2mm 정도이다.

④ 모발의 개수

한 모공당 1~3개 존재한다.

⑤ 노화각질 및 피지산화물

보이지 않거나 약간 있다.

⑥ 한선

부분적으로 소한선을 확인할 수 있다.

⑦ 예민도

정상 pH 5.5 내외이다.

⑧ 수분 함량

각질층 수분 10~15% 정도이다.

⑨ 모발 상태

매끄럽고 윤기 있다.

2 건성 두피

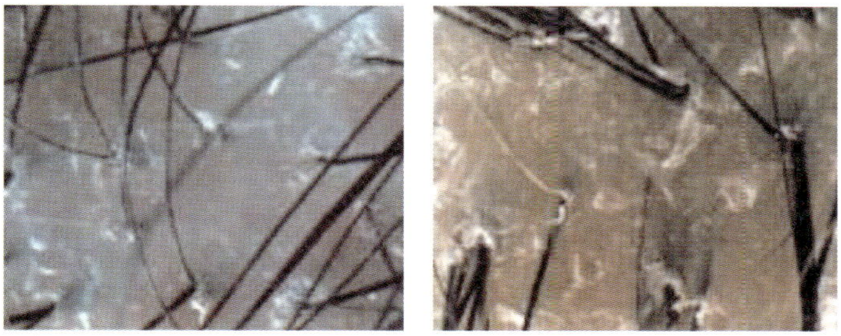

◀ 건성 두피

각질이 하얗게 쌓여 있고 투명도가 낮으며 유·수분이 부족하다.

① 두피톤

창백한 백색이며 불투명하다.

② 모공 상태

윤곽선이 약간 불분명하고 다수 막혀 있다.

③ 모발 상태

모표피가 건조하다.

④ 한선

형태가 불분명하다.

⑤ 수분 함량

각질층 수분 10% 미만이다.

⑥ 각질 상태

얇은 층으로 약간 들떠 있고 갈라져 보인다.

⑦ 예민도

외부 자극에 약하다.

⑧ 가려움

다소 가렵다.

3 지성두피

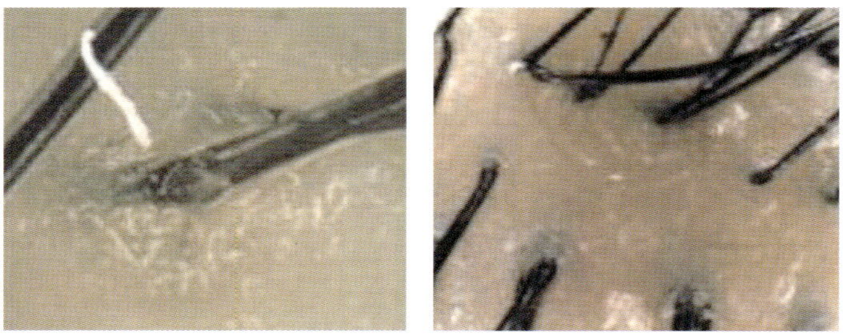

◀ 지성 두피

유분이 많고 색이 둔탁하다. 피지산화물의 잔류로 악취를 동반한다.

① 두피톤

약간 황색톤이며 얼룩현상이 보인다.

② 모공 상태

다수 막혀 있다.

③ 피지 분비량

피지 분비가 많고 산화된 피지를 볼 수 있다

④ 수분 함량

각질층 수분 20% 이상 존재한다.

⑤ 한선

확인하기 힘들다.

⑥ 예민도

홍반 및 염증이 생기기 쉽다.

⑦ 모발 상태

모표피에 과다한 피지가 있다.

4 예민성 두피

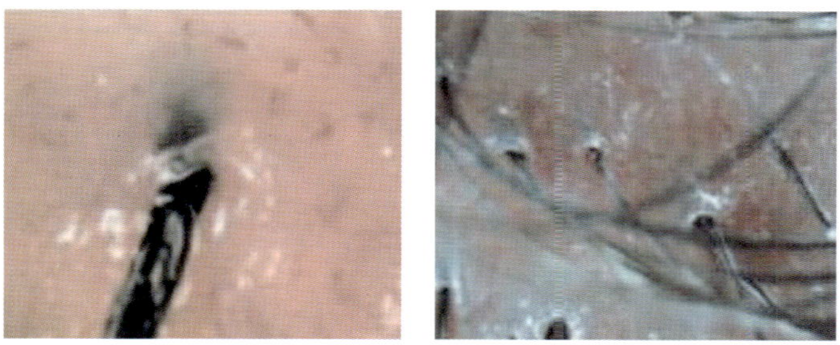

◀ 민감성 두피

두피 톤이 붉고 약한 자극에도 민감하게 반응한다. 염증성 두피로 발전할 수 있다.

① 두피톤

얼룩이 있고 붉은 톤을 띤다.

② 모공 상태

다양하게 보인다.

③ 모발 굵기

굵기와 밀도가 낮다.

④ 피지 분비량

다양하다.

⑤ 한선

불분명하다.

⑥ 예민도

가려움증, 염증, 홍반을 동반한다.

⑦ 수분 함량

다양하다.

⑧ 특이사항

다른 타입의 두피와 복합된다.

5 비듬성 두피

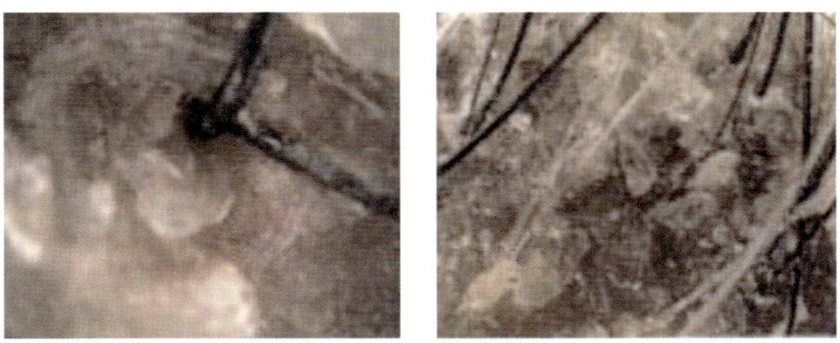

◀비듬성 두피

비듬은 두피의 노화 각질이 탈락된 것으로 비듬상태에 따라 건성비듬과 지성비듬으로 구분한다.

건성 비듬성 두피

두피가 건조해지면서 각질이 일어난다. 하얗고 가는 비듬, 심한 가려움증을 수반한다.

① 두피톤

백색톤으로 모공 주변이 얼룩져 있다.

② 모공 상태

막혀 있다.

③ 모발 밀도

불규칙적이고 연모화 되어 있다.

④ 각질 및 피지산화물

모공 주변 각질이 들뜨고 모공이 막혀 있다.

⑤ 피지 분비량

적다.

⑥ 예민도

부분적으로 염증이 있고 예민하다.

⑦ 수분 함량

10% 미만이다.

⑧ 예민도

가려움, 당김이 심하다.

지성 비듬성 두피

두피가 피지와 각질로 인해 축축하다. 두피에 열이 많거나 물렁물렁하다. 산화 피지로 인해 악취가 나고 가려움과 염증이 있다.

① 두피톤

황색톤으로 불투명하다.

② 모공 상태

막혀 있다.

③ 모발 밀도

불규칙적이다.

④ 각질 및 피지산화물

많다.

⑤ 피지 분비량

많다.

⑥ 수분 함량

20% 내외이다.

⑦ 예민도

염증, 가려움, 당김이 있다.

⑧ 피지향

강하다.

6

두피 관리 과정

두피 관리는 일반적으로 상담 - 진단 - 관리 프로그램 선택 - 마사지 단계 - 스케일링 - 샴푸 - 두피 및 헤어트리트먼트 - 마무리순으로 행해진다.

1 두피 관리 절차

① 상담

편안한 분위기에서의 상담이 중요하다. 상담 후 고객관리카드를 작성한다.

② 진단

진단기기를 이용해 정확한 진단을 한다. 고객에게 진단 결과를 보여주면서 설명한다.

③ 관리 프로그램 선택

두피 유형에 맞게 적절한 매뉴얼을 선택한다.

④ 마사지 단계

편안한 분위기에서 안정된 자세로 관리하고, 아로마를 사용하거나 음악 등을 이용해 효과를 증대시킨다. 10~20분 정도 마사지하여 혈액순환을 촉진시킨다.

두피타입별 모공상태 검사

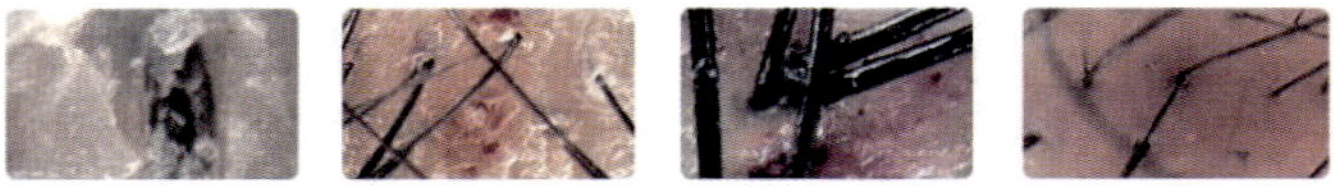

비듬 두피 | 염증 · 홍반 두피 | 지루성 두피 | 탈모 두피

두피 상태 및 모발 밀집도와 굵기 측정

- **두피 상태**
  60배와 200배 렌즈로 촬영한 사진을 분석하고 샘플과 비교하여 두피의 상태를 판단
- **모발 밀집도**
  60배 렌즈로 촬영한 면적에 모발의 수를 측정하여 탈모의 진행 정도를 측정
- **모발 굵기**
  200배 렌즈로 촬영한 모발의 굵기를 측정하여 모발의 굵기 변화 분석

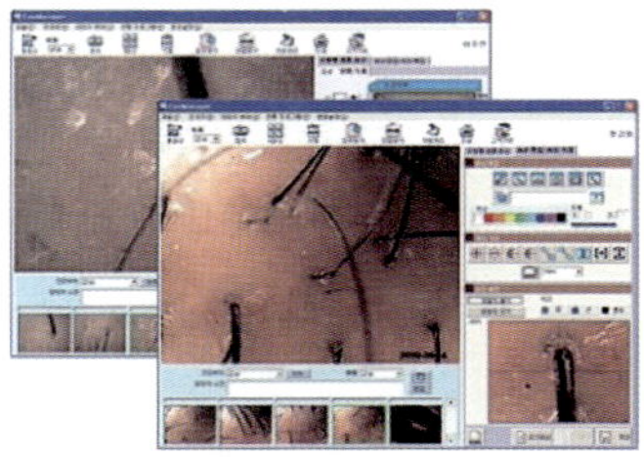

◀ 진단기 분석

⑤ 스케일링

두피각화 주기의 정상화, 다음 단계의 관리제품 흡수를 도와준다. 손이나 면봉 등을 이용해 두피를 골고루 스케일링해 준다. 염증이 있는 부위나 예민한 부위는 세심한 관리가 필요하다.

⑥ 샴푸

두피와 모발에 맞는 샴푸제를 선택하여 시술한다.

⑦ 두피 및 헤어 트리트먼트

모모세포를 활성화시키고 손상된 모발이나 두피에 영양을 공급한다.

⑧ 마무리

토닉으로 두피를 진정시키고 모발에 에센스로 영양을 준다.

2 두피 마사지의 효과

- 스트레스와 긴장을 풀어준다.
- 림프선을 자극하여 면역력을 증가시킨다.
- 피부 노화를 지연하고 피부 윤기를 더해준다.
- 두피 열을 제거하여 탈모 예방에 도움을 준다.
- 혈액순환을 원활하게 하여 모발 성장에 도움을 준다.

3 두피 마사지 경혈점

경혈점은 인체의 기가 출입하는 구멍이나 문을 말한다. 두피 마사지를 할 때 각 경혈점을 눌러주면 신체 에너지 순환 효과가 증대된다.

▶ 경혈점의 위치와 적용증상

경혈점	경혈점의 위치	적용 증상
백회	정수리 중앙	두통, 현기증, 불면증, 고혈압
풍부	후두골 융기 바로 밑	두통, 현기증, 목의 통증
아문	머리카락이 시작되는 곳, 경추 1번	두통, 목의 통증
천주	뒤 모발선에서 0.5촌 올라가 양측의 1.3촌 지점	후두부 두통, 목 부위의 경직 및 통증
풍지	두개골 아랫부분의 오목한 곳	감기, 현기증, 불면증
완골	유양돌기와 두개골이 만나 움푹 파인 곳	얼굴 부종, 턱선의 늘어짐, 어깨 경직
견정	경추 7번 극돌기에서 견봉까지 연결선의 중앙지점	목의 통증과 뻣뻣한 현상, 어깨 통증
견료	팔을 위로 올렸을 때 뒤로 움푹 들어간 곳	근육의 뻣뻣한 증상, 어깨 통증
견우	팔을 위로 올렸을 때 앞부분이 움쿡 들어간 곳	관절의 통증이나 근육이 뻣뻣한 증상
견중유	경추 7번 극돌기에서 2촌 옆	어깨 또는 등의 통증, 목의 경, 기관지염
천종	견갑골의 중앙 지점	어깨 및 견갑골 부위의 통증, 팔의 마비

병풍	천종에서 수직선상에 있는 견갑골 끝 부분	어깨 통증

4 두피 마사지 시 주의사항

- 시술공간은 따뜻하고 안락해야 한다.
- 조명은 너무 밝지 않게 한다.
- 아로마 향을 피워 심신안정에 도움을 준다.
- 편한 복장으로 시술한다. 장신구를 제거하고 손톱은 짧게 한다.
- 시술 시작 전 고객에게 무엇을 할 것이며 그 느낌이 어떠한지를 설명해 준다.
- 아픈 곳이 있는지 미리 파악하여 주의한다.
- 상처나 염증이 있는 부위는 시술을 금한다.
- 부드럽게 마사지를 시작하여 점차 압력을 높이다가 힘을 빼며 마무리한다.
- 고객의 표정이나 반응을 살피면서 시술한다.
- 시술이 끝나면 고객에게 마음을 안정할 여유를 준다.

CHAPTER

03

탈모

1

탈모의 정의

탈모란 머리카락이 빠지는 것이다. 모모세포의 힘이 약해져 성장기가 짧아지고 휴지기가 길어진다. 자라난 모발이 완전히 성장하지 못한 채 빠져버리는 비정상적인 상태가 지속되는 현상을 탈모라고 한다.

2

탈모의 사전 증상

머리숱이 줄어드는 느낌이 강하게 들며 두피가 자주 가렵거나 기름기가 증가한다. 비듬이 평상시보다 많이 보인다. 모발에 탄력이 없어 잘 끊어지고 두피가 건조하고 당기는 느낌이 든다.

3

탈모의 원인

- 두피의 혈액순환 장애
- 다이어트나 불규칙적인 식사 등으로 인한 영양 부족
- 스트레스나 불안 등 심리적인 요인
- 땀이나 피지 등이 장기간 모공을 막고 있는 경우
- 지나친 각화현상으로 장기간 모공이 막히거나 좁아져 있는 경우
- 지나친 자극이나 압력으로 모낭이 손상을 입은 경우
- 과로, 과열, 냉증, 빈혈 등
- 폐경기 이후 에스트로겐 감소와 상대적인 테스토스테론 증가
- 임신에 따른 호르몬 변화

4 탈모에 작용하는 호르몬

1 뇌하수체 호르몬

대뇌 아래 뇌하수체 전엽, 중엽, 후엽으로 분류되며 각기 다른 호르몬을 관장한다. 뇌하수체 중엽의 경우 어릴 때는 구분이 되나 차차 사라져 흔적만 남게 되어 전엽과 구별이 어려워져 뇌하수체 전엽과 후엽으로 구분한다.

2 성호르몬

① 남성호르몬

탈모에 영향이 큰 호르몬으로 과잉 분비 시 탈모가 진행되며 대표적인 남성호르몬으로 테스토스테론이 있다. 턱수염과 코밑수염의 성장은 촉진시키지만 이마와 정수리 부위의 털에 대해서는 성장을 억제한다.

② 여성호르몬

에스트로겐은 난소에서 분비되는 여성호르몬으로, 남성호르몬인 테스토스테론과 반대로 모발 성장을 촉진시킨다. 여성항체호르몬인 프로게스테론은 모발 성장에 직접적인 영향을 미치진 않지만 머리털의 성장을 억제시키는 효과가 있고 체모의 성장을 촉진시킨다.

3 갑상선호르몬

갑상선은 티록신이라는 호르몬을 분비하여 부신을 자극하고 부신호르몬인 코티솔을 분비시키며 모낭 활동을 촉진하고 휴지기에서 성장기로의 전환을 유도한다. 모발과 전신의 털을 성장 촉진하는 효과가 있다.

① 갑상선기능 저하증

무력감이나 기능이 저하됨에 따라 머리 전체에 탈모를 일으킨다. 빠지는 머리는 성장기모보다는 휴지기모로 가늘고 부드러운 것이 많다. 갑상선 호르몬의 분비가 증가하면 성장기모가 성장하기 힘들다.

5 탈모의 유형

1 탈모증의 일반적인 분류

① 휴지기모

모발주기 가운데 휴지기에 자연적으로 빠지는 모발로 휴지기모가 평균 이상으로 많이 빠지게 되면 탈모증이 된다. 남성형 탈모증과 산후에 빠지는 모발도 휴지기모가 많이 빠지는 경우에는 휴지기성 탈모증으로 진단한다.

② 위축모(영양장애모)

위축모는 성장기의 모근이 파괴되어 가늘게 된 모발을 말하며 모발주기 가운데 성장기 동안에 빠지는 모발로 성장기모성 탈모증으로 진단한다.

2 질병에 따른 탈모의 분류

휴지기성 탈모증

일상에서 자연적으로 빠지는 모발로 기본적으로 휴지기모가 빠지는 증상이며 하루에 100가닥 이상으로 빠지면 탈모증으로 간주한다.

① 산후, 피임약 복용 후 탈모증

여성호르몬은 성장기모의 수명을 늘리는 작용을 하므로 출산이 가까워지면서 여성호르몬 분비가 증가해 빠지는 털이 감소된다. 출산 후 정상적인 호르몬상태로 돌아가면 성장기가 연장되었던 모발이 빠지게 되므로 탈모가 일어난다. 출산 후 2~6개월 지속되다가 약 1년 정도 후 원래의 상태로 회복된다. 피임약은 여성호르몬과 소량의 황체호르믄을 배합한 것이어서 이것을 복용하고 있는 중에는 임신 후기와 같이 탈모가 감소되지만 복용을 중지하면 분만 후 탈모수가 증가하는 것을 피임약 복용 후 탈모증이라고 한다.

② 남성형 탈모증

전두부와 두정부에 걸쳐 전체적으로 탈모가 되거나 전두부가 점점 후퇴하는 것이 특징이다. 연령이 빠른 경우 17세부터 시작하고, 보통 20대 후반부터 탈모가 진행된다. 탈모 초기에는 두껍고 긴 성장기모가 휴지기모로 변화되어 탈모된다. 탈모가 진행되면서 점점 가늘고 부드러운 모가 되기 때문에 모발이 눈에 띄지 않는다. 호르몬에 의해 두발은 줄어들지만 체모는 많아진다.

③ 여성의 남성형 탈모증

젊은 여성의 경우 여성 호르몬의 분비가 많기 때문에 큰 변화가 없지만 40세 전후가 되면 여성호르몬이 감소하기 때문에 남성호르몬의 영향을 받아 남성형 탈모와 같은 형태로 전두부, 두정부의 모발이 적어지고 가늘게 된다.

④ 지루성 탈모증

두피를 청결히 하지 않으면 비듬이 증가하거나 미생물이 번식하여 염증을 유발하고, 염증이 심하면 모낭염이나 지루성 습진이 진행되어 휴지기모의 탈모가 많아지는데 이것을 지루성 탈모증이라 한다.

⑤ 접촉성 피부염에 의한 탈모

두피에 접촉해 있는 염모제 또는 헤어크림 등으로 접촉성 피부염을 일으키는 경우가 있는데 이것들에 의한 염증이 가벼울 때는 탈모를 일으키지 않지만 심해지면 탈모되는 경우가 있다. 염증 치료 후 수주일이 지나서 휴지기성 탈모를 일으키는 경우도 있다.

⑥ 내분비 질환에 따른 탈모

갑상선 기능 저하증, 갑상선 기능 항진증 등 내분비 질환에 의해 탈모가 유발된다.

⑦ 영양장애성 탈모증

다이어트나 단식을 할 경우 피부 건조와 함께 탈모가 유발된다.

⑧ 약제성 탈모증

항갑상선제는 갑상선 기능을 억제하는 약으로 투여하면 휴지기성 탈모를 유발시키고, 항정신제는 콜레스테롤 합성을 억제하기 때문에 모발의 각화가 제대로 이루어지지 않아 모발의 발육장애를 일으켜 휴지기성 탈모증을 유발한다.

⑨ 비타민 A 과잉에 의한 탈모

비타민 A는 정상적인 모발발육에 중요한 영양소이나 과잉 복용한 경우 피부 건조와 탈모를 유도한다.

⑩ 견인성 탈모증

부주의한 사고로 모발이 기계에 말려 들어가 탈모되거나 포니테일 같은 머리형을 장기간 지속하면 견인성 탈모가 일어난다.

성장기성 탈모증

위축모로 성장기의 모근이 파괴되어 가늘게 된 모발이 성장기 동안 빠져 성장기성 탈모증이라 한다.

① 원형 탈모증

특별한 증상이 없이 갑자기 원형 또는 타원형 모양으로 탈모된다. 두발 외에 눈썹, 턱수염, 음모 등에서도 발생한다. 단발 또는 동시다발로 발생하고 손톱 크기에서 손바닥 크기까지 다양하며 다발이 융합해 전체 탈모를 일으키는 것을 악성 원형탈모증이라고도 한다. 정확한 원인은 밝혀지지 않았으나 스트레스를 주요 원인으로 추정한다. 성인의 원형 탈모증이 단발인 경우 6~7개월 후에는 치료가 되고 다발형 또는 그 이상 넓은 범위의 탈모는 장기간이 필요하다. 소아의 경우는 재발되거나 증세가 심해지므로 세심한 주의와 치료가 필요하다.

② 압박성 탈모증

가발 고정 핀이나 머리띠 등에 장기간 눌려 탈모된다.

③ 약제성 탈모증

주로 항암제에 의한 탈모로 항암제를 투여하게 되면 세포분열이 활발한 생식세포나 모모세포 등은 파괴된다. 모발의 경우 위축모를 만들어 상당히 심한 성장기성 탈모증을 유발한다.

④ 장성지단(腸性肢端) 피부염에 의한 탈모증

5~6세의 유아에 발생하는 유전성 피부질환으로 손 · 발가락에 작은 수포나 농포를 동반한 홍반을 만들고 결국 손톱의 변형이나 손톱 주위에 염증을 일으키기도 한다. 이 피부염이 머리에 전염되면 머리 전체 또는 부분적으로 탈모된다.

⑤ 반흔(흉터)성 탈모증

모근 파괴에 의해 일어난 탈모증이다. 화상 또는 방사선 조사에 의해 모근이 파괴되거나 피하조직까지 도달한 세균감염에 의해 흉터가 만들어져 모발이 자랄 수 없는 상태이다.

⑥ 두부백선에 의한 탈모

두부백선균에 감염되어 일어나는 전염성 피부병으로 백선균이 표피의 각질층을 감염시켜 점차적으로 모근에 들어가기 때문에 위축모가 되어 탈모되거나 끊어진다.

⑦ 매독성 탈모증

매독 감염 후 발생하는 탈모증으로 후두부나 측두부에 원형 또는 타원형으로 벌레 먹은 것처럼 보인다.

⑧ 모낭충에 의한 탈모

주로 모낭에서 발견되어 모낭충이라 한다. 크기는 대략 0.1~0.4mm의 진드기이다. 가슴 아래쪽에 3마디로 된 4쌍의 짧은 다리가 있다. 몸통 부분은 길고 좁으며 줄무늬 형태를 띠고 있다. 눈썹과 코 주위, 외이도, 두피 등의 피지선과 모낭에 기생한다. 모낭충이 많으면 여드름이 생기기도 한다.

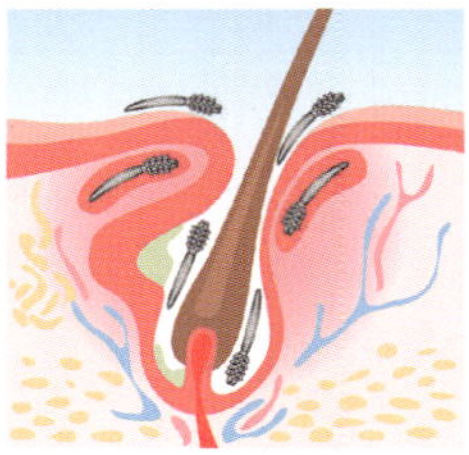

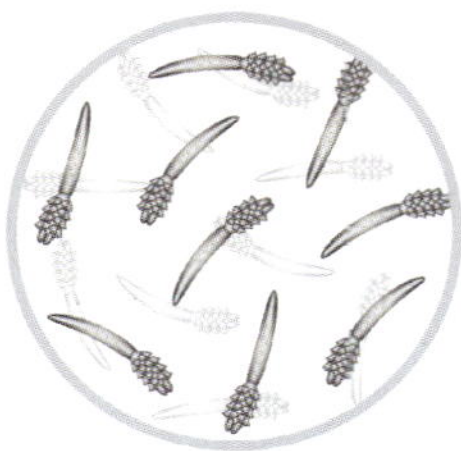

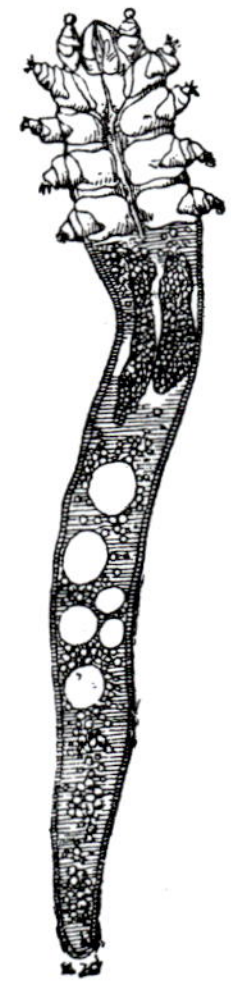

◀ 모낭충

- 데모덱스 브레비스(Demodex Brevis)

  데모덱스 휘리큘럼보다 크기가 작고 육안으로 보이지 않으며 피지선에 기생한다. 피지선의 지방조직을 분해하여 영양분을 섭취하면서 피지선에 염증을 일으킨다. 염증에 세균이 침투하여 여드름을 악화시키고 피부를 거칠게 만든다.

- 데모덱스 휘리큘럼(Demodex Foliculorum)

  이 모낭충은 가늘고 길다. 모낭에 기생하면서 피부 안팎을 출입한다. 모공을 넓게 만들고 모근에 염증을 일으켜 탈모를 유발한다. 모낭충의 배설물과 죽은 잔해는 모낭을 오염시켜 염증을 유발하고 탈모의 원인이 된다. 야행성으로 밤에 피부 밖으로 나와 표피층을 날카로운 발톱으로 자극하고 돌아다녀 비듬과 가려움증을 동반하기도 한다.

⑨ 발모벽(Trichotillomania)

일종의 신경증 이상으로 두발이나 속눈썹 등을 부러뜨리거나 뽑는 결과로 발생되는 탈모증이다.

⑥ 탈모증의 병원치료

탈모증의 병원치료법으로는 자가모발이식과 약물치료 방법이 있다. 일반적으로 가장 좋은 치료법은 약물치료로 미녹시딜과 프로페시아가 있다. 스트레스나 심리 위축으로 인한 우울증이나 불안증상을 동반하는 경우는 정신과 치료를 요한다.

1 병원치료법

자가모발이식(Hair Trancplantation)

모발이식은 탈모환자의 후기 치료에 널리 사용되며 빠른 치료 효과를 원하는 환자에게 프로페시아와 병행하여 시술된다. 펀치법(punch method), 마이크로그래프트법(micrograft method), 단일식모술 등이 있다.

① 펀치법(Punch Method)

펀치법은 직경 4mm의 펀치로 10개 이상의 모발을 이식하는 방법으로 1959년에 처음으로 개발되었다. 흉터가 남고 외관상 부자연스러운 단점이 있다.

② 미니그래프트법(Minigraft Method)

직경 2mm의 펀치로 5개 전후의 모발을 이식하는 방법으로 1980년대에 주로 시술되었다. 흉터가 남고 외관상 부자연스러운 단점이 있다.

③ 마이크로그래프트법(Micrograft Method)

마이크로그래프트법은 모발을 2~3개씩 이식하는 방법이다.

④ 단일모식모술

단일모식모술은 모발을 한 가닥씩 이식하는 방법이다. 모발이 굵은 동양인들에게 적합한 방법으로 흉터가 남지 않고 외관상 자연스러워 최근에 주로 사용하는 방법이다.

2 두피절개술

넓어진 두피를 일부분 절개하여 꿰매는 시술을 하여 정수리 부분의 두피를 앞쪽으로 당기는 시술로 흉터가 남는 단점이 있다.

3 약물치료법

현재까지 병원에서 탈모증 치료제로 가장 많이 사용되는 의약품으로는 미녹시딜(Minoxidil)과 프로페시아(Propecia)가 있다. 프로페시아는 남성형 탈모증 치료제로 사용되며 탈모 방지 의약품으로 미국 FDA의 승인을 받은 치료제이다.

① 미녹시딜(Minoxidil)

미녹시딜은 원래 고혈압 치료제로 개발된 경구용 약품이었으나 약품을 복용한 환자들의 손등과 이마에 털이 나는 것이 관찰되어 탈모치료제로 개발된 약이다. 미녹시딜은 혈관을 확장시켜 국소적인 두피의 혈류를 증가시킨다. 모모세포를 활성화시켜 탈모 진행을 더디게 한다. 솜털을 자라게 하지만 굵은 털이 길게 자라는 효과를 기대하기는 어렵다.

② 프로페시아(Propecia)

프로페시아는 원래 전립선비대증 치료제였지만 임상 중 머리털이 나는 것을 계기로 남성탈모증에 사용하게 되었다. 약제성분이 피나스프리드(Finasteride)로서 전립선 치료제로는 프로스카(Prosca), 탈모 치료제로는 프로페시아(Propecia)로 명명된다. 여성에게는 효과가 없는 것으로 알려져 있다.

4 가발 착용법

탈모관리 방법으로 가발을 착용할 수 있다. 머리숱이 없어 착용하는 가발을 '투페(toupet)'라고 한다. 얇고 가벼우며 빠른 시간 내에 탈모를 커버할 수 있는 장점이 있다. 탈모된 모발 부위에 알맞은 크기로 가발을 제작하여 착용하기 때문에 외관상 자연스럽다.

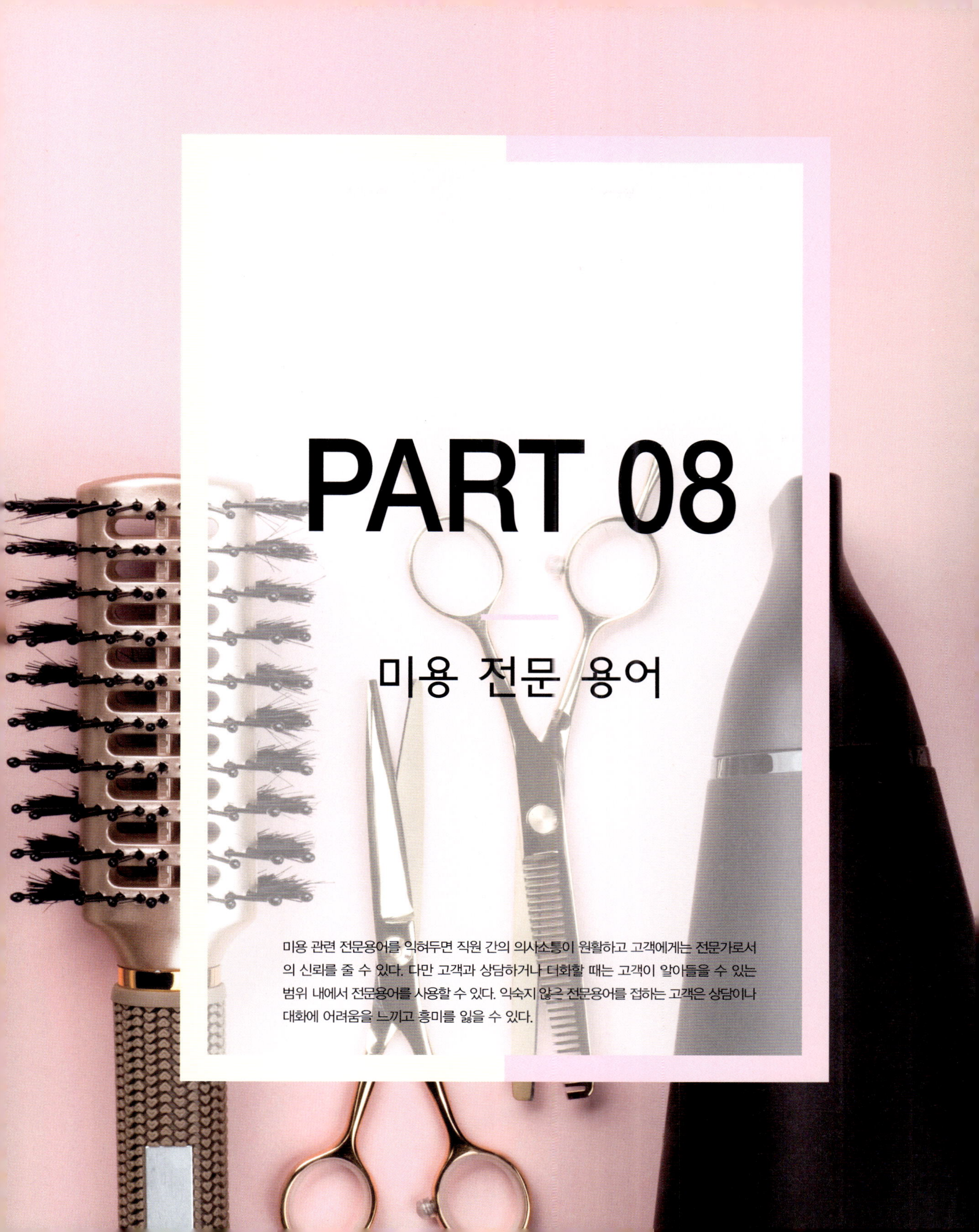

PART 08

미용 전문 용어

미용 관련 전문용어를 익혀두면 직원 간의 의사소통이 원활하고 고객에게는 전문가로서의 신뢰를 줄 수 있다. 다만 고객과 상담하거나 대화할 때는 고객이 알아들을 수 있는 범위 내에서 전문용어를 사용할 수 있다. 익숙지 않은 전문용어를 접하는 고객은 상담이나 대화에 어려움을 느끼고 흥미를 잃을 수 있다.

CHAPTER

01

모발 관련 용어

스캘프 트리트먼트(scalp treatment)

트리트먼트 제품과 기기 또는 손을 사용하여 두피 내의 혈액순환을 활성화시키고 두피의 더러움과 비듬을 제거하는 것

경모(terminal hair)

거칠고 두꺼운 모발

교차결합

펩티드결합, 염결합, 시스틴결합, 수소결합과 같이 모발에 탄력성과 견고성을 주는 화학결합

다공성모(porosity hair)

피질세포를 구성하는 C케라틴(간충물질)이 알칼리, 과산화수소, 자외선 등에 의해 제거되어 구멍이 생긴 모발

댄드러프(dandriff)

비듬. 두피의 표면에서 자연히 떨어져 나오는 각질에 지방이나 먼지가 묻어서 생긴 때의 일종

데미지 헤어

손상된 모발

두부백선

주로 어린아이에게 많이 나타나는 전염성 두피질환. 둥글고 버짐과 같은 형태로 각질이 과다하게 발생할 수 있으며 두상 전체에 발생 가능하다.

드라이 스캘프 트리트먼트(dry scalp treatment)

건조한 두피를 관리하는 일

등전점(isoelectric point)

단백질 분자가 전기적으로 중성이 되는 pH를 말하며 모발이 등전점의 pH를 가지는 용액에서는 이온결합이 단단하지만 강산성이나 알칼리 용액에 노출될 경우 이온결합이 느슨해진다.

마이크로 피브릴(micro fibril)

프로토 피브릴이 모여 구성된 가느다란 실 모양의 세포 조직. 마이크로 피브릴은 2개의 프로토피브릴이 중앙에 있고 그 주변에 역시 프로토피브릴이 9개 있는 9+2의 배열 상태로 있다.

매크로 피브릴(macro fibril)

작은 마이크로 피브릴과 이들을 둘러싸고 있는 간충물질로 구성된 섬유상 성분. 매크로 피브릴은 직경이 0.2~0.6μm의 케라틴 섬유이며 세포가 장축 방향으로 배열되어 있다.

멜라닌(melanin)

자연의 모발색을 만들어내는 작은 천연색소 입자. 여러 종류의 동물 조직 내에서 볼 수 있는 갈색 또는 흑색의 색소. 멜라닌의 종류나 양에 따라 피부, 모발, 망막의 색이 결정된다.

모경지수

모발이 원형에 얼마나 가까운지를 나타내는 지수. 모발 횡단면의 최소직경을 최대직경으로 나눈 값에 100을 곱한 것. 모경지수가 100인 모발은 완전한 원형으로 직모이고 100보다 작을수록 타원형이 되면서 꼬불거리는 정도가 심하다.

모구(bulb)

모근의 아래쪽 끝에 원형으로 부풀려진 모양이며 모세혈관, 모유두, 모모세포 등이 위치하고 있다.

모낭(hair follicle)

모근 부위를 둘러싸고 있는 내외층의 피막. 표피가 피하조직까지 움푹 들어가 묻혀서 관 모양을 이루고 있다. 모근부를 보호하는 자루의 역할을 한다.

모발진단기

최근 들어서 손상되지 않고 건강한 모발을 유지하려는 노력이 많이 일어나고 있다. 이러한 요구에 맞추어 여러 제조회사에서 모발진단기를 만들어 두피 및 모발을 확대시켜 관찰하는 것이 가능해졌으며 손상모발을 진단하여 이를 치료하고 관리하는 시스템이 도입되고 있다.

모발 질감(hair texture)

모발의 부드러운, 매끈한, 거친, 뻣뻣한 느낌

모발 팽윤

물질이 용매를 흡수하여 부푸는 현상. 알칼리 상태에서 모발은 팽창해 펌제, 염모제 등이 쉽게 침투할 수 있게 된다.

모수질(medulla)

모발의 중심부에 있는 공동으로 가득 찬 벌집 모양의 다각형 세포가 길이 방향으로 나열되어 있다. 멜라닌색소를 포함하고 있으며 시스틴 함량은 모피질보다 적다. 모발에 따라서 연필심과 같이 일정하게 연결되어 있는 것도 있고 중간에 듬성듬성하게 절단된 것도 있으며 모수질이 없는 모발도 있다.

모유두(papilla)

모구에 산소와 영양을 공급하며 모발을 구성하는 세포를 만들어 내는 부분. 모유두의 조직 내에 있는 모모 세포에서 모발을 만들어 낸다.

모표피(cuticle)

모발 바깥 부분의 투명한 층. 편평 무핵의 세포가 지붕의 기와 모양으로 길게 늘어져 있어서 모발 내부를 보호하는 화학적 저항성이 강한 층. 모발의 10~15%를 차지하며 이 비율이 클수록 모발은 투명하고 단단하며 습윤, 광택, 마찰에 대한 강도가 높아진다.

모피질(cortex)

피질세포와 세포 간 결합물질로 구성되어 있으며 각화된 피질세포가 모발의 길이 방향으로 나열된 세포집단. 모발의 대부분인 85~90%를 차지하며 과립상의 멜라닌 색소를 함유하고 물과 쉽게 친화하는 친수성으로 약제의 작용을 쉽게 받기 때문에 퍼머넌트 웨이브, 염색, 탈색 등의 미용시술과 관련성이 큰 부분이다.

발수성모

모표피가 두껍고 지방분이 많아서 수분을 배척하는 성질을 가진 모발

비강진(pityriasis)

두피의 가장 바깥층의 피부로부터 평평한 모양의 각질이 과다하게 떨어져 나가는 것에 의한 피부병. 일반적으로 비듬이라고 불린다.

수소이온(hydrogenicn H+)

수소원자가 전자 한 개를 잃은 1가(價)의 양이온. 용액 중에서 산성을 나타내는 원인이 된다.

아미노산(amino acid)

모든 생명현상을 관장하고 있는 단백질의 기본 구성단위. 인체의 단백질을 만드는데 사용되는 일련의 자연 화학물질. 단백질을 완전히 가수분해하면 암모니아와 유리 아미노산이 생성된다.

에피큐티클(epicuticle)

상피표피. 표피 중에서도 가장 바깥층에 있으며 아주 얇은 막으로 물은 통과하지 못하지만 수증기는 통과할 수 있다. 산소나 약품 같은 화학적인 자극에 대한 저항성이 강하나 브러싱, 샴푸, 타월 드라이, 백콤 따위의 물리적인 자극에 의해서 손상될 수 있다.

엑소큐티클(exocuticle)

에피큐티클과 엔드큐티클 사이에 있는 층. 외표피라고도 한다. 다른 층보다 상대적으로 시스틴 함량이 많아 시스틴을 절단시키는 화학적인 약품에 대한 저항성이 약하다. 펌제와 염색제 등의 화학약품은 엑소큐티클과 CMC의 미세한 틈으로 침투하여 모피질에 여러 가지 화학 변화를 일으킨다.

엔드큐티클(endocuticle)

모표피 중에서 가장 안쪽에 있어 내표피라고 하며 비교적 시스틴 함량이 적어 화학적 자극에 대한 저항성이 큰 층이다. 이 층의 안쪽은 양면 접착테이프처럼 되어 있어 인접한 모표피와 밀착되어 있으면서 모피질과도 연결되어 있다. 이 양면 접착테이프와 같은 물질을 세포막 복합체(cell membrane complex, CMC)라고 하는데 이 CMC를 통하여 수분이나 펌제, 염색제 등의 물질이 출입할 수 있다. 예를 들면 모피질에 있는 물질이 외부로, 외부에 있는 물질이 너부로 통과할 수 있다.

오일리 스캘프 트리트먼트(oily scalp treatment)

지방분이 많은 두피를 관리하는 것

원형 탈모증

머리에 경계가 뚜렷한 원형의 탈모부가 생기는 병. 자각증상이 없으며 보통 지름 2~3cm의 탈모부가 생기는데 때로는 여러 군데 생겨 불규칙한 모양으로 융합하거나 모발이 모두 빠지는 수도 있다.

유멜라닌(eu–melanin)

모발의 가운데층인 모피질(cortex)에 있는 색소 알갱이로서 가장 흔하고 진한 색소이며 갈색과 검정색의 모발을 만든다. 페오멜라닌에 비해 멜라닌 과립이 크고 쉽게 분해된다.

지루성 탈모

피지선의 과다한 피지 분비로 인한 탈모

축모

자연 곱슬머리로서 매우 작게 오그라진 머리카락. 머리카락이 나선상으로 오그라들어 큰 콩알 크기로 조금씩 모여 있는 것으로 머리카락이 매우 강함. 아프리카의 흑색인종, 코이산인종, 멜라네시아제족, 파푸아제족, 안다만인 등의 모발이 축모에 속한다.

케라틴(keratine)

모발을 구성하는 불용성 단백질로 20여 종류의 아미노산에 의해 모낭(follicle) 안에서 형성된다.

페오멜라닌(pheo–melanin)

황색이나 적색을 나타내는 멜라닌으로 금발이나 붉은색의 모발을 만든다.

폴리펩티드 사슬

여러 개의 아미노산이 탈수반응에 의하여 만들어진 결합을 폴리펩티드라 하고 폴리펩티드에 의하여 만들어진 사슬을 주쇄(main chain)라고 한다. 이 주쇄와 또 다른 주쇄는 수소결합, 염결합, 이황화결합(s–s결합) 등의 측쇄결합으로 연결되어 있다.

프로토 피브릴(proto fibril)

폴리펩티드 사슬 3본이 나선형으로 꼬여 서끼줄 모양으로 된 구조. 이때 한 개의 폴리펩티드 사슬을 α-helix(헬릭스)라고 한다. α-헬릭스 3개가 꼬여서 새끼줄 모양의 섬유다발 1개를 만드는데 모발은 0.54nm의 길이마다 나선형 구조가 반복되기 때문에 젖은 모발을 잡아당기면 늘어났다가 당김을 멈추면 다시 본래의 길이로 되돌아간다.

피지선

모발에 피지(기름)를 공급해주는 샘(腺). 지선(脂腺). 모낭과 피부 표면이 둔각을 이루는 측에 있는 짧은 배설관으로 모낭 위에서 1/3의 부위에 개구하며 여기에서 만들어진 피지의 일부는 그 모낭 내에 있는 털을 통하여 올라와서 털의 둘레를 싸고, 일부는 모낭벽을 따라서 피부 표면에 퍼진다.

피질세포

여러 개의 매크로 피브릴과 간충물질과의 집합체로 된 것. 피질세포는 길이가 약 100μm, 직경이 1~6μm, 두께가 1.2~1.6μm 정도이다. 여기에는 멜라닌 색소가 있고 중앙에 매크로 피브릴의 섬유구조와 핵의 잔사가 존재한다.

CHAPTER

02

커트 관련 용어

가이드라인(guideline)

커트하거나 스타일을 만들 때 기준이 되는 라인

곡선 가위(R-scissors)

가위의 끝부분이 약간 휘어져 있어서 모발을 정교하게 수정할 때나 콧수염이나 턱수염 등을 정리할 때 사용된다.

골든 포인트(golden point)

턱에서 이어 포인트(ear point)를 지나는 연장선상과 정중선이 만나는 점

그래듀에이션(graduation)

점진적인 단차. 염색에서는 모발색이 점점 밝아지거나 어두워지는 것. 또는 점점 옅어지거나 짙어지는 것. 커트에서는 점진적인 단차가 생기도록 모발을 1~89°의 각도로 들어 올려 커트하는 것

내추럴 인버전(natural inversion)

레이어 커트의 기법으로 센터섹션에 대하여 평행한 섹션을 떠서 그 섹션을 전부 중앙(센터섹션)으로 끌어 모아 커트하는 것

내추럴 폴 포지션(Natural fall position)

자연스럽게 머리를 빗질하여 내려둔 상태

노말 테이퍼(nomal taper)

스트랜드의 1/2 지점부터 모량을 감소하여 모발의 무게감을 줄이는 것

다이에그널(diagonal)

대각선

드라이 커트(dry cut)

건조한 상태의 모발을 커트하는 방법

딥 테이퍼(deep taper)

스트랜드의 안쪽(모근쪽) 2/3 지점부터 모량을 감소하여 모발의 무게감을 줄이는 것

레이어 커트(layer cut)

모든 모발의 길이가 동일하거나(유니폼 레이어) 밑머리보다 윗머리가 짧아지도록 층이 난 스타일(인크리스 레이어)

레이저 커트(razor cut)

레이저(면도날)를 사용하여 모발을 자르는 커트 테크닉

블런트 커트(blunt cut)

스트랜드 끝이 뭉툭해지도록 직선적으로 자르는 것

블로킹(blocking)

커트, 펌, 염색, 드라이, 업스타일 등의 미용시술을 하기 쉽도록 모발다발을 구분 짓는 것

사이드 베이스(side base)

한 섹션의 폭에서 양쪽 끝점 중 어느 한 점에서 90°의 각이 되도록 패널을 잡는 것. 커트에서는 모발의 길이가 점차적으로 길어지게 할 때 사용한다.

사이드 파트(side part)

옆 가르마

세미 퍼머넌트 헤어컬러(semi-permanent hair color)

반영구적 염색

세이핑(shaping)

모발을 빗(comb)이나 브러시로 빗는 것

섹션(section)

부분구획, 칸막이 등의 의미로 커트, 펌, 염색, 드라이, 업스타일 등의 미용시술이 쉽도록 모발다발을 구분 짓는 것. 블로킹과 같은 의미로 쓰이거나 블로킹보다 더 작게 모발다발을 구분 짓는 의미로 쓰인다.

센터 파트(center part)

- 센터 포인트(center point)에서 네이프 포인트(nape point)까지 두상의 중앙을 나눈 것(정중선).
- 전두부의 앞이마부터 두정부를 중앙에서 나눈 것

스트록 커트(stroke cut)

- '어루만지다, 홈을 파다'라는 의미
- 가위로 모발의 길이와 양감을 조절하는 커트 테크닉

스파니엘 스타일(spaniel style)

앞내림형의 원랭스 스타일

슬라이스(slice)

서브섹션(sub-section). 보조섹션. 큰 섹션을 보다 작게 나누는 것. 일정량의 모발을 소량씩 뜨는 것

슬라이스(slice)

얇은 조각이란 뜻으로 로드와 와인딩 방법에 따라 더욱 세밀하게 나눌 때 사용된다.

슬라이싱(slicing)

슬라이드 커트를 응용하여 질감을 만들기 위해 자르는 테크닉. 패널을 왼손으로 잡고 모발 끝이 흩어지는 느낌이 나오도록 가위가 미끄러지듯이 밀어내는 기법. 모발 끝에 길고 짧은 단차를 주어 불규칙한 움직임이나 가벼운 이미지를 만들 수 있다.

애프터 커트(after cut)

펌 또는 염색 시술이 끝난 후 적절한 형태로 커트하는 것

앵글(angle)

모발을 들어 올리는 각도. 각도는 크게 두상 곡면을 기준으로 하는 각도, 중력에 의해 모발이 자연스럽게 떨어지면서 생기는 각도, 천체축을 기준으로 하는 각도가 있다.

엔드 테이퍼(end taper)

스트랜드의 끝 부위 1/3 지점부터 모량을 감소하여 모발의 무게감을 줄이는 것

오버랩(overlap)

- 커트에서 이미 잘려진 섹션(가이드)의 길이에 맞추어 모발을 자르는 것
- 염색에서 염료를 겹쳐 바르는 것

오프 더 베이스(off the base)

한 섹션의 폭에서 양쪽 끝점 중 어느 한 점에서 90° 이상의 각이 되도록 패널을 잡는 것. 드라이와 펌와인딩할 때는 두피 쪽의 볼륨을 강하게 하거나 낮출 때 사용하고 커트할 때는 모발의 길이 차가 크도록 하거나 긴 모발과 짧은 모발을 자연스럽게 연결할 때 사용한다.

온 더 베이스(on the base)

섹션의 종류에 상관없이 섹션의 중심이 90°가 되도록 패널을 잡는 것. 드라이와 펌 와인딩에서는 보통 정도의 볼륨을 만들 때 사용한다.

웨트 커트(wet cut)

모발을 물에 적셔서 커트하는 방법

이사도라 스타일(isadora style)

앞올림형 헤어스타일

이어 투 이어라인(ear to ear line)

귀에서 귀를 잇는 선

체크 커트(check cut)

커트한 모발의 길이 또는 머리끝을 수정하는 것

콘백스(convex)

머리의 둥근 형태에 따라서 아치 형태로 도 어 있는 라인

콘케이브(concave)

머리의 둥근 형태와는 역으로 아치 형태인 라인

코밍(combing)

콤으로 빗는 것

크라운(crown)

두정부

클리퍼(clipper)

남성 커트 시 많이 사용되며 모발을 짧게 자를 수 있는 커트용구

클립(clip)

나누어 구분한 모발다발을 고정시킬 때 사용하는 집게 모양의 용구

톱(top)

정점. 최고위. 두상의 가장 높은 부분

트리밍(trimming)

정돈, 정리, 손질. 스타일의 완성도를 높이기 위해 가볍게 커트하여 정리하는 것

틴닝 커트(thinning cut)

톱니 모양의 가위를 사용하여 모량을 감소하는 커트

틴닝 가위(thinning scissors)

모량을 감소시키거나 모발 끝을 부드럽게 만들 때 사용하는 톱니 모양의 날이 있는 가위. 한쪽 면이 아닌 양쪽 면이 모두 톱니 모양으로 되어 있는 틴닝 가위는 한 번의 동작으로 많은 모량을 감소시킬 수 있다.

파팅(parting)

가르마, 분할선으로 미용시술이 용이하도록 모발을 구분 지어 나누는 것

패널(panel)

슬라이스하여 한 장의 판과 같이 떠낸 모발다발

프론트(front)

전두부

호리존탈(horizontal)

평면에 대해서 평행한 라인. 수평라인

C H A P T E R

03

퍼머넌트 웨이브 관련 용어

내로우 웨이브(narrow wave)

리지와 리지 폭이 좁아 파장이 많고 전체가 곱슬곱슬한 웨이브 스타일

논 스템 컬(non-stem curl)

모발을 135° 각으로 빗어 올려서 와인딩하여 로드가 베이스에 정확하게 놓인 형태로 볼륨감이 크다.

뉴트럴라이저(neutralizer)

퍼머넌트 웨이브제의 제2제. 산화제. 일명 중화제

다운 스템 와인딩

두피로부터 스트랜드(strand)의 각도를 90° 이하로 낮추어 로드에 감는 것

더블 와인딩(double winding)

두 가지 로드를 사용하여 와인딩하는 것으로서 모근부와 모간부의 손상도가 다른 모발의 경우에 효과적이다.

더블 페이퍼(double paper)

엔드 페이퍼를 두 장 겹쳐 와인딩하는 방법으로 모발 끝의 단차가 심할 때 사용한다.

드라이 샴푸(dry shampoos)

병상에서 거동하기 힘든 환자나 산모에게 행하는 샴푸방법. 거즈를 브러시에 두 겹으로 감고 충분히 브러싱하여 두피와 모발에 묻은 오염물질을 거즈에 흡수시킨 다음, 알코올을 묻힌 탈지면으로 두피 전체를 닦아내는 샴푸방법. 이때 알코올로 인해 두피가 건조해지는 것을 방지하기 위해 유성 헤어크림을 소량 바른다.

라운드 와인딩(round winding)

모발을 감은 로드를 두상에 둥근 곡선 모양으로 배치하는 것

로드 오프(rod off)

와인딩된 로드를 모발에서 제거하는 것

롱 스템 컬(long stem curl)

모발을 후방 45°로 빗어 올려서 와인딩하여 로드가 베이스 면에서 벗어나 아래에 놓이게 되고 볼륨감이 없다.

루트 펌(root perm)

모근 부분만 웨이브가 형성되게 하는 퍼머넌트 기법

리버스 와인딩(reverse winding)

얼굴의 뒤쪽 방향으로 와인딩하는 것. 모발의 흐름이 귓바퀴 반대 방향으로 흐르도록 와인딩하는 방법

리퀴드 드라이 샴푸(liquid dry shampoos)

헤어 피스(hair pieces) 또는 가발(wig)을 세정하는 방법 중 하나. 벤젠이나 알코올 등의 휘발성 용제를 솜에 묻혀 모발을 닦아 내거나 용제에 가발을 12시간 정도 담가두었다가 꺼내어서 수건으로 닦은 후 응달에 말리는 샴푸방식

머쉬룸 와인딩(mushroom winding)

두상에 로드를 배열하는 형식의 하나로 와인딩된 형태가 버섯 모양이 되도록 하기 위해 골덴 포인트에서부터 헤어라인을 향하여 방사상으로 로드를 일정하게 배열하는 것

뱅(bang)

이마를 장식하기 위해 자른 앞머리. 장식하기 위해 손과 빗을 이용하여 작고 둥글게 말은 모발

브롬산 나트륨($NaBrO_3$)

퍼머넌트 웨이브제 제2제(산화제)의 주성분. 취소산나트륨

브롬산 칼륨($KBrO_3$)

퍼머넌트 웨이브제 제2제(산화제)의 주성분. 취소산칼륨

섀도 웨이브(shadow wave)

리지가 두드러지지 않고 흐릿할 정도로 느슨한 웨이브 스타일

세트(set)

모발을 빗(comb)으로 빗거나 롤러에 말아서 머리형을 만드는 것

스태크 와인딩(stack winding)

벽돌쌓기 기법을 이용하여 와인딩하는 방법으로 블로킹 선이 나누어지지 않는다.

스파이럴식 와인딩(spiral winding)

나선형의 와인딩을 말하며 두피에서부터 모발 끝으로 와인딩하는 방법

시스테인 펌(cysteine perm)

사람 또는 동물의 털에서 채취한 시스테인이라는 아미노산을 성분으로 한 퍼머넌트 웨이브제를 사용해서 펌을 하는 것

시스테인(cysteine)

SH기를 가진 불안정한 화합물로, 공기 중의 산소에 의해 쉽게 산화되어 시스틴이 된다. 물과 에탄올에 녹고 중성, 알칼리성 용액에서는 불안정하며 적멜라닌 생성에 관여한다.

얼터네이트 와인딩(alternate winding)

서로 교차시켜 가면서 로드를 말아 가는 기법

엔드 페이퍼(end paper)

모발을 로드에 와인딩할 때 모발 끝에 대는 종이

오버 타임(overtime)

퍼머넌트 웨이브 또는 염 · 탈색 시술 시 환원제 도포 후 방치 시간이 초과되는 것

와이드 웨이브(wide wave)

섀도 웨이브보다 뚜렷하고 웨이브 간격이 넓다.

와인딩(winding)

모발을 로드에 감는 것으로 랩핑(raping)이라고도 한다.

인덴테이션(indentation)

거꾸로, 반대 방향으로 머리단의 안쪽에 로드를 대고 와인딩하며 볼륨이 없는 걸마름 효과가 생긴다.

중화 받침대

퍼머넌트 웨이브 시술 시 2액 처리할 때 약액이 흘러내리지 않도록 방지하는 역할을 하는 어깨 위에 얹는 받침대

중화(neutralization)

다른 성질의 물질이 섞여 각각의 특성을 상실하게 되는 것. 화학적으로 산과 염기가 반응하여 서로의 성질을 잃는 것, 물리적으로 같은 양의 양전하와 음전하가 하나가 되어 전체적으로 전하를 가지지 않게 되는 것, 독 또는 독소를 적당한 항독소를 써서 없애는 것도 중화의 일종이다.

중화제(neutralizer)

산화제, 고정제라고도 하며 모발에 바르면 환원에 의해서 갈라져 있던 황과 황의

결합(시스테인)이 재결합을 일으켜 원래의 상태(시스틴)로 되어 탄력성을 가지는 웨이브가 형성된다.

촉진

손의 감촉으로 모발의 손상 정도를 체크하는 것

치오글리콜산(thioglycolic acid)

알칼리성 용액으로 모발의 큐티클을 열어 시스틴 결합을 환원, 절단하는 역할을 한다.

컨디셔닝 샴푸제(conditioning shampoos)

샴푸에 의한 모발의 손상을 억제하고 모발을 매끈하게 하는 등 모발의 상태를 조절하는 기능이 있는 샴푸제

콜드 퍼머넌트 웨이브(cold permanent wave)

인공적인 열을 가하지 않고도 화학작용이 이루어지는 펌제를 사용하여 웨이브를 만드는 것

콤 아웃(comb out)

빗을 사용하여 머리손질을 마무리하는 것

크로키놀식 와인딩(croquignole winding)

모간 끝에서 시작하는 와인딩 기법으로 도선에 로드에 대고 스트랜드가 겹쳐지면서 두피 가까이의 모근까지 와인딩되도록 하는 방법

텐션(tension)

와인딩 또는 커트할 때 스트랜드를 잡아당기는 힘의 정도

트위스트 와인딩(twist winding)

모발을 비틀어 와인딩하는 방법

티오글리콜산(thioglycolic acid)

모발의 시스틴 결합을 환원시켜 절단하는 콜드 퍼머넌트 웨이브제(제1제)의 화학성분

퍼머넌트 웨이브(permanent wave)

영구적 혹은 오랫동안 지속되는 웨이브라는 뜻

펌 프로세서(perm processer)

퍼머넌트 웨이브 촉진기. 퍼머넌트 웨이브 시술 시 적외선이나 수증기의 열을 이용하여 화학작용을 가속화시킴으로써 펌 진행시간을 단축시켜 주는 기기. 촉진기의 종류에는 제조회사나 성능에 따라 뷰티 에어 롤, 뷰티 에어 빔, 주피터 등이 있다.

포워드 와인딩(forward winding)

얼굴의 앞쪽을 향해서 와인딩하는 것. 귓바퀴 방향으로 와인딩하는 방법

프레 샴푸(pre-shampoo)

퍼머넌트 웨이브나 염색하기 전에 모발에 묻은 때, 과다한 피지, 스타일링제 등을 제거하여 퍼머넌트 웨이브제나 염색제가 모발에 쉽게 작용할 수 있도록 할 목적으로 실시하는 샴푸. 두피에 자극이 가지 않는 범위에서 행하는 것을 기본으로 한다.

프레 소프트닝(pre-softening)

퍼머넌트 웨이브나 염색하기 전에 저항성 모발이나 신생부 또는 흰머리를 연화시키는 것

플레인 린스(plain rinse)

물만을 사용하여 모발을 헹구는 것

피기백(piggy back)

돼지꼬리 모양을 연상하여 모근 쪽에서 와인딩하다가 모발의 중간 부분에서 하나의 로드를 덧대어서 반대로 돌려 와인딩하는 것

하프 스템 컬(half stem curl)

모발을 90° 각으로 빗어 올려서 와인딩하여 로드의 1/2은 베이스 안에 있고 나머지 1/2은 베이스 밖에 놓이는 컬로 다른 컬과의 연결감이 있다.

헤어 스티머(hair steamer)

모발의 가습기로서 수증기를 이용하여 모발을 가온시키는 기구

헤어 웨이빙(hair waving)

모발에 물결 모양의 웨이브를 만드는 것

헤어밴드(hair band)

모발에 사용된 퍼머넌트 웨이브제, 염색제, 탈색제 등이 흘러내리지 않도록 얼굴 주위에 둘러주는 밴드

헤어 팩(hair pack)

모발에 영양분을 흡수시키기 위해 일정시간 동안 발라두었다가 씻어내는 모발 화장품

환원

산화물로부터 산소를 제거하는 것 또는 어떤 물질이 수소와 결합하는 것

환원작용

환원제를 도포하여 모발 케라틴을 연화시키고 시스틴 결합을 끊어주는 과정

환원제

모발 케라틴을 연화시키고 시스틴 결합을 끊어주는 퍼머넌트 웨이브 용제 중 1제

C H A P T E R

04

염색 관련 용어

필러 색상(filler)

바탕 색상의 부족한 색소를 채워 주기 위한 색상. 원하는 색상보다 1~2레벨 어두운 컬러나 같은 레벨의 따뜻한 색조

과산화수소(hydrogen peroxide)

수소원자 2개와 산소원자 2개로 이루어진 산화성 화학약품으로 퍼머넌트 웨이브, 염색, 탈색을 할 때 쓰인다. 산화제라고도 불리며 액체와 크림 형태가 주로 사용된다.

과황산염(persulfate)

모발 염색 시 탈색을 촉진하는 화학성분. 탈색의 속도를 증가시킨다.

기본색(primary colors)

빨강, 노랑, 파랑과 같이 다른 색을 섞어서 만들어낼 수 없는 색. 자연적으로 가지고 있는 자연모발의 색을 의미하기도 한다.

논스트립핑 샴푸제(nonstripping shampoos)

염색한 모발에서 색소가 제거되지 않으면서 깨끗하게 씻기는 샴푸제

다이(dye)

염색. 틴트(tint). 인공색소

다이케이프(dye cape)

염색할 때 의복이나 피부를 보호하기 위해 어깨에 두르는 망토

단백질 컨디셔너(protein conditioners)

물리적으로나 화학적으로 제거된 케라틴을 보충하는 제품

디벨로퍼(developer)

산화제. 일반적으로 자연 모발색을 엷게 만들고 컬러 입자의 산화를 위해 화학작용을 하는 과산화수소를 말한다.

디컬러라이즈(decolorize)

착색물질을 제거하여 빛깔을 없애는 조작. 모발의 자연색소 및 인공색소가 탈색되는 화학 과정

딥 클렌징(deep clearsing)

원하지 않는 명도와 색조를 지우기 위해 탈색하는 것

라이트너(lightener)

자연 모발색소를 분산, 용해, 탈색시켜서 모발 본래의 색을 옅어지게 하는 화학성분

라이트닝(lightening)

탈색 또는 염색을 하여 모발색의 명도를 밝게 하는 것

레벨(level)

색의 밝고 어두운 정도의 차이를 여러 층으로 나누어 구별하는 단위. 염색제 또는 모발색의 밝고 어두운 정도. 명도의 등급

리터치(retouch)

재염색. 새롭게 자라난 모발에 염색 또는 탈색을 하는 것

리프트(lift)

자연 모발색소에 라이트닝 제품이나 염색제를 사용하여 모발을 밝게 하는 것. 라이트닝 작용

명도

색의 밝고 어두운 정도

모발 염색

모발의 색을 변화시키는 것으로 자연모발과 염색 또는 탈색한 모발에 인공염료를 착색시키는 것

반영구 염모제

염색 후 샴푸할 때마다 점진적으로 색소가 제거되어 염색 효과가 반영구적인 비산화성 염모제. 색상이 다양하고 모발의 손상이 거의 없으나 자주 사용하면 모발이 뻣뻣해진다.

방치 시간(processing time)

환원제 또는 염・탈색제를 도포하고 캡을 씌운 후부터 반응하는 시간

베이스(base)

기초, 토대, 뿌리, 기초가 되는 부분. 일정량의 모발 바닥면의 모양을 말한다.

보색(complementary color)

색상이 다른 두 색을 적당한 비율로 합하여 무채색이 될 때 한 가지 색에 대한 다른 한 가지 색. 색상환에서 서로 마주보는 색. 예 노랑-보라, 빨강-초록, 파랑-주황

보색 중화

색상이 다른 두 색을 적당한 비율로 혼합하여 무채색(흰색, 검정, 회색)을 만드는 것. 보색을 이용하여 기존의 모발색이 나타나지 않도록 하는 것

볼륨(volume)

염색에서는 수용액에 용해된 과산화수소의 농도. 수용액 볼륨당 방출되는 산소의 부피를 말한다. 과산화수소 10볼륨은 용액 1리터당 산소 10리터를 방출한다.

블렌딩(blending)

혼합하는 것. 한 염색제에 다른 색의 염색제를 혼합하는 것

블리딩(bleeding)

부적절한 시술로 인하여 호일이나 캡 사이로 염색제나 탈색제 등이 새어 나오는 현상

블리치(bleach)

멜라닌색소와 인공색소를 모발 전체 또는 부분적으로 분해시켜 탈색하는 것

비니거 린스(vinegar rinse)

산성린스 중의 하나로 식초나 초산을 10배 정도의 물에 희석한 린스

산성린스(acid rinse)

레몬린스(lemon rinse), 구연산린스(citric acid rinse), 식초린스(vinegar rinse) 등 산성의 즙이나 초산을 물과 혼합하여 만든 린스. 비누로 세발한 경우 사용한 물 속에 칼슘 · 마그네슘 따위의 불용성의 금속성분이 모발에 남는 것을 방지하고 알칼리를 중화시키는 효과가 있으며 표백작용을 한다. 미용시술 시 퍼머넌트 웨이브제, 염 · 탈색제를 사용한 모발에 잔류하는 알칼리 성분을 중화시키고 모발에 윤기를 부여할 목적으로 사용한다.

산화 염모제(oxidation dyestuffs)

산화제와 함께 작용해 인공색소를 모발에 착색시키는 염모제. 처음에는 수용성이었던 인공색소가 산화되면서 불용성으로 변하여 잘 씻기지 않고 오랜 시간에 걸쳐 점진적으로 퇴색한다.

산화

어떤 물질이 산소와 결합하여 다른 물질로 변하는 화학반응. 환원의 반대 의미로 1제에 의해 절단된 시스틴 결합을 되돌리기 위해 2제를 사용하여 산소를 주고 수소를 잃는 것

산화제(developer)

- 퍼머넌트 웨이브 시술 시 환원제(1제)가 도발의 케라틴 단백질에 수소를 공급함에 따라 끊어졌던 시스틴(cystine) 결합에서 수소를 제거하여 다시 시스틴 결합을 재생시키는 화학물질(2제).
- 염색 또는 탈색 시술 시 인공색소 또는 탈색제(1제)에 혼합하여 모발과 인공색소를 산화시키는 화학물질(2제)

삼차색(tertiary colors)

색상환에서 기본색과 이에 근접한 2차색 하나를 1 : 1 비율로 섞을 때 얻어지는 색

색상

어떤 빛깔을 다른 빛깔과 구별하는 근거가 되는 특질. 즉 빨강, 노랑, 파랑 등으로 구별되는 특성

색상환

색상에 따라 계통적으로 색을 둥글게 배열한 것

색소(pigment)

자연 모발의 멜라닌이나 인공 염색제에 포함된 염료

색조

빛깔의 강하고 약함이나 짙고 옅음 따위의 정도. 톤(tone)

스트랜드(strand)

모발숱, 모발가닥으로 하나의 패널을 잡았을 때 부르는 이름. 전체 모발 중 일부분을 적게 떠서 잡은 머리다발

스트랜드 테스트(strand test)

미용시술을 하기 전에 방치 시간(processing time), 결과 색상, 화학물질에 대한 모발의 내성 정도를 파악하기 위한 모발검사

식물성 염료(vegetable color)

식물에서 추출한 색소. 헤나, 캐모마일 따위의 식물성 염료

알칼리(alkaline)

염기(base)라는 말이 나오기 이전에, 물에 녹아서 산(acid)과 반대의 성질을 나타내는 물질에 사용되었다. 오늘날에는 염기성(basic)이라 한다. 수용액은 붉은 리트머스 종이를 청색으로 변화시키며 비누와 같은 성질이 있고, 산성을 중화시킨다. 수소이온지수(pH)가 7보다 큰 경우를 알칼리성이라 하는데, 식물의 재, 수산화나트륨, 탄산나트륨, 암모니아 등의 수용액이 그 예이다.

암모니아(ammonia)

자극적인 악취가 나는 무색의 기체. 질소와 수소의 화합물로 수용액은 알칼리성이며, 산과 반응하여 염을 만든다. 암모니아수는 강알칼리성 용액으로 큐티클을 부풀려 퍼머넌트 웨이브제 또는 염 · 탈색제가 모발 내로 침투하는 것을 돕고 과산화수소의 분해를 촉진한다.

앰플(ample)

퍼머넌트 웨이브나 염색시술 과정 또는 후에 식물성 오일과 비타민 등이 함유된 앰플을 사용하여 손상된 모발에 영양을 공급함으로서 모발을 부드럽고 광택 있게 만든다.

언더톤(undertone)

바탕색. 모발을 탈색함에 따라 멜라닌 색소가 분해되면서 나타난 바탕색. 밝아진 모발에서는 항상 따뜻한 색이 나타난다.

엑센트 컬러(Accent color)

강조색. 염색할 때 색을 짙게 하기 위해 배합하는 색소

염기성 염료(basic dyestuffs)

수용액 중에서 발색 부분이 양이온이 되는 카티온 염료(cation dye)

염료(dyes)

일차색, 이차색, 삼차색을 제공하는 화학 분자들. 염색에 사용하는 인공색소

올소-아미노페놀(ortho-aminophenole)

황갈색을 나타내는 산화염료

유화

융합되지 않는 두 가지 액체에 계면활성제를 섞어 한쪽의 액체를 다른 쪽의 액체 중에 분산시켜 에멀션(emulsion)을 생성시키는 것

유화작용(emulsify)

염색이 끝날 무렵 샴푸하기 전에 모발을 따뜻한 물로 적신 다음 모발과 두피를 마사지하여 인공색소의 안착과 두피에 묻은 염색제 제거를 용이하게 하는 작용

이온화(ionization)

한 분자의 분해 또는 쪼개짐. 전해질이 용액 속에서 양이온 또는 음이온으로 해리(解離)되는 일. 중성인 원자 또는 분자가 이온이 되는 것. 수소양이온과 수산화음이온이 형성된다. 전리(電離)라고도 한다.

이차색(secondary colors)

두 가지의 기본색을 같은 양으로 섞을 때 얻어지는 색

일시적염모제(temporary hair color)

1회의 샴푸만으로 제거되는 염모제

착색(deposit)

물을 들이거나 색을 칠하여 빛깔이 나게 하는 것

채도

색의 맑고 탁한 정도

컬러 리무버(color remover)

컬러 제거제. 두피나 페이스라인에 묻어 있는 염모제를 지우는 제품

컬러 테스트(color test)

염색이나 탈색을 하는 동안 모발색이 변한 정도를 관찰하기 위해 일부분의 모발을 취해 염모제를 닦아낸 후 말려서 모발이 채색된 정도를 확인하는 것

컬러 매치(color match)

너무 밝은 모발을 어두운 색조로 염색하려고 할 때 색소가 충분히 안착될 수 있도록 사용할 1제(염료) 또는 따뜻한 계열의 기본색을 퇴색된 부위에 바른 다음 1제와 2제를 배합하여 도포하는 방법

컬러 샴푸(color shampoo)

염색을 목적으로 만들어진 염료가 배합된 샴푸

컬러 린스(color rinse)

샴푸 후 헹구는 린스가 아닌 수용성의 염모제로 일시적으로 모발을 착색하는 염색제의 일종

컬러링(coloring)

모발을 착색하는 것

컬러 차트(color chart)

색조표

컬러 체크(color check)

모발 염색이 잘되었는지 확인하는 것

클렌징(cleansing)

탈색의 일종으로 원하지 않는 명도와 색조를 지우는 것

탈색(bleach)

자연색소를 산화시켜 제거함으로써 모발의 명도를 높이는 것

탈색제

모발의 자연색소인 멜라닌을 분해시키고 용해하는 화학 혼합물

탈염

염색된 모발에서 인공색소를 제거하는 것

테스트 컬(test curl)

모발에 대한 환원제의 작용 정도와 컬의 형성 정도를 확인하는 것

토닝(toning)

결과색을 수정하기 위해 색상을 첨가하는 것

퇴색

물체의 색깔이 바래어 흐릿해지는 것. 자외선, 샴푸, 미용시술 등으로 인하여 모발의 멜라닌 색소 또는 인공 색소가 빠져나가 색의 선명도가 떨어지는 것

티로신(tyrosine)

자연 멜라닌 생성을 위한 필수 아미노산

파라페닐렌디아민(PPDA, para-phenylenediamine)

영구적 염모제에 사용되는 산화성 염료. 파라페닐렌디아민을 단독으로 사용하면 검정색으로 염색된다.

패치 테스트(path test)

화학물질에 의한 알레르기성 접촉피부염의 여부를 진단하는 실험적 진단방법. 귀 뒤쪽이나 팔 안쪽의 부드러운 피부에 염색약을 조금 바른 뒤 2일 정도 기다리면서 이상 여부를 알아본다.

프레 컨디셔닝(pre-conditioning)

강한 화학약품의 시술 전에 모발의 손상을 방지할 목적으로 컨디셔너를 사용하여 모발 상태를 조절하거나 보호하는 것

프레 트리트먼트(pre-treatment)

일반적으로 손상모일 경우 퍼머넌트 웨이브, 염색, 탈색 따위의 화학적 미용시술 전에 모발의 과다손상 방지, 웨이브 또는 염 · 탈색의 균일화, 헤어스타일의 지속력 강화 등의 목적으로 모발에 LPP, PPT 따위의 모발영양제를 흡수시키는 것

필러(filler)

손상된 모발이나 얼룩진 모발을 고르게 염석하기 위해 미리 도포하는 염색제

하이라이팅(highlighting)

모발을 좀더 밝게 보이거나 음영을 나타내기 위해 모발의 일부에 그보다 더 밝은 색을 나타내는 작업

헤나(henna)

로소니아(lawsonia)에서 얻어지는 식물성 염료

헤어 코팅(hair coating)

모간의 외곽에 막을 씌우는 것

화이트 헤나

헤나가 식물성 염모제 보존 중에 흑색으로 변하는 것을 막기 위해 표백제를 혼합한 것

pH

어떤 물질의 산 또는 알칼리의 양을 측정하기 위한 화학용어

CHAPTER

05

기타 용어

계면활성제(surface active agent)

분자 중에 친수기와 친유기를 가지며 액체게 녹아서 저농도로 계면활성을 나타내는 물질

댄드러프 스캘프 트리트먼트(dandruff scalp treatment)

비듬 제거 또는 비듬두피를 관리하는 일

라운드 브러시(round brush)

둥근 모양의 브러시

마셀 웨이브(marcel wave)

아이론에 열에 가해 만든 일시적인 웨이브

산(Acid)

일반적으로 수용액 중에서 해리하여 수소이온을 생성하고 염기를 중화하여 염을 만드는 물질

산성도(Acidity)

용액의 산성의 정도 및 산의 세기의 정도. 보통 수소이온농도 또는 수소이온지수(pH)로 나타낸다. pH는 0에서 14까지의 수치로 표현하며 pH 7.0은 중성이다.

아이론(Iron)

'철제 기구 또는 다리미'라는 뜻을 가지고 있으며 열을 가하여 모발구조에 일시적인 변형을 주어 웨이브를 만들어 내는 데 사용하는 미용도구이다.

약용 샴푸제(medicated shampoos)

두피의 염증을 일으키는 균이나 비듬균 등 두피에 균이 번식할 수 없도록 살균작용을 하는 샴푸제

에그 분말 샴푸(egg powder dry shampoos)

계란 흰자를 거품 너어 두피와 모발 전체에 발라 건조시킨 후 브러싱함으로써 흰자 분말과 함께 먼지나 때를 제거하는 방법. 분말을 제거한 다음 헤어토닉을 묻힌 탈지면으로 남아 있는 계란 흰자 분말을 닦아낸다.

음이온 계면활성제(anionic surface active agent)

수중에서 이온화하여 계면활성을 나타내는 부분이 음이온인 계면활성제. 음이온 계면활성제는 세정력과 기포형성력이 우수하여 화장비누, 샴푸, 바디클렌저 등에 사용된다.

토닉샴푸(tonic shampoos)

두피와 모발을 세정하며 두피를 진정시키고 모낭(hair follicle)의 신진대사를 촉진하는 효과가 있는 약용샴푸

파우더 드라이 샴푸(powder dry shampoos)

주로 산성백토에 탄산마그네슘, 카오린, 붕사 등의 파우더를 섞어 두피와 모발의 지방성 물질을 흡수시켜 세정하는 것. 빗으로 모발을 나누면서 분말을 뿌린 후 두부 전체에 작용할 수 있도록 마사지한 다음 브러싱을 하면 파우더와 함께 두피 및 모발의 때와 먼지가 제거된다.

프로테인 샴푸(protein shampoos)

누에고치, 난황 등에서 추출한 단백질을 함유한 샴푸제로서 모발에 부드러운 세정 작용과 케라틴(keratin) 보호작용이 있다. 퍼머넌트 웨이브를 한 모발, 염색한 모발, 탈색한 모발 등 화학적 손상모에 사용한다.

플레인 스캘프 트리트먼트(plain scalp treatment)

보통 상태의 두피를 관리하는 것

Memo

Memo

Memo

헤어미용 입문

초판 인쇄 | 2019년 2월 28일
초판 발행 | 2019년 3월 5일
초판 2쇄 발행 | 2022년 2월 28일

지 은 이 | 배 선 향
발 행 인 | 조 규 백
발 행 처 | 도서출판 구민사
(07293) 서울시 영등포구 문래북로 116(문래동 3가, 트리플렉스) 604호
전 화 | (02) 701-7421~2
팩 스 | (02) 3273-9642
홈페이지 | www.kuhminsa.co.kr
신고번호 | 제2012-000055호(1980년 2월 4일)
I S B N | 979-11-5813-680-2 (93590)

정가 24,000원